U0178423

浙江省地方立法与法治战略研究院（智库）成果

浙江省高校重大人文社科攻关计划重大招标项目"法治新常态下我省"三改一拆"
工作面临的挑战及应对策略实证研究"（项目编号：2016ZB001）成果

法治新常态下浙江省"三改一拆"
工作面临的挑战及应对策略

FaZhi XinChangTaiXia ZheJiangSheng SanGaiYiChai
GongZuo MianLin De TiaoZhan Ji YingDuiCeLue

李占荣 等 著

浙江工商大学出版社
ZHEJIANG GONGSHANG UNIVERSITY PRESS 杭州

图书在版编目(CIP)数据

法治新常态下浙江省"三改一拆"工作面临的挑战及
应对策略 / 李占荣等著. — 杭州：浙江工商大学出版
社，2020.1

ISBN 978-7-5178-3540-0

Ⅰ．①法… Ⅱ．①李… Ⅲ．①城市规划—研究—浙江
Ⅳ．①TU984.255

中国版本图书馆 CIP 数据核字(2019)第 245772 号

法治新常态下浙江省"三改一拆"工作面临的挑战及应对策略
FAZHI XINCHANGTAI XIA ZHEJIANGSHENG SANGAIYICHAI
GONGZUO MIANLIN DE TIAOZHAN JI YINGDUI CELUE
李占荣 等著

责任编辑	田程雨
封面设计	林朦朦
责任印制	包建辉
出版发行	浙江工商大学出版社
	（杭州市教工路 198 号　邮政编码 310012）
	（E-mail:zjgsupress@163.com）
	（网址:http://www.zjgsupress.com）
	电话:0571－88904980,88831806(传真)
排　　版	杭州朝曦图文设计有限公司
印　　刷	杭州宏雅印刷有限公司
开　　本	710mm×1000mm　1/16
印　　张	16.25
字　　数	195 千
版 印 次	2020 年 1 月第 1 版　2020 年 1 月第 1 次印刷
书　　号	ISBN 978-7-5178-3540-0
定　　价	65.00 元

前　言

　　十八届四中全会以来,在党的领导下全面依法治国不断推进,社会主义法治国家建设明显加快,法治新常态已经形成。法治新常态是法治实然态、应然态和必然态的叠加,是法治发展的新状态、新局面和新趋势。在这样的大背景下,浙江省政府决定在全省范围内开展旧住宅区、旧厂区、城中村改造和拆除违法建筑三年行动(以下简称"三改一拆")。这一行动既是浙江省政府立足于本省城市规划现状,致力于促进省内发展,拓展生存空间,优化城乡环境,保持社会稳定,惠及民生需要的一项主要举措,也是对于浙江省法治政府建设、依法行政实施情况的一次重大检验。

　　法治新常态,说到底是"规则之治""良法之治""公正之治""保障人权之治""控权之治""多数人之治""公开之治""民主之治""文明之治"。从宏观上看,这就要求政府在权力运行过程中要处理好与其他权力之间的关系。政府作为公权力机关,其权力具有天然的扩张性,必须处理好其横向权力关系。充分发挥党的领导作用,加强人大、政协的事前预防机制,完善法检的事后追责能力,建立立法、执法、司法,事前到事后,全方位、广覆盖的监督保障体制。充分发挥群众监督作用,对于违法行为要及时提出异议。在事后,要完善公民意见表达渠道,对于政府违反法律的行政行为,应当建立以司法救济为主的多样化救济渠道。只有把政府权力关到笼子里,才能保障公民的合法权益。

　　就"三改一拆"行动来讲,法治新常态为其提出了新要求,带来了新机遇,法治新常态下必须将"三改一拆"与法治浙江建设紧密结合起来,充分发挥"三改一拆"行动中的党的领导作用,加强党内法治,完善党内工作。在这基础上,还要进一步加强人大监督与政协协商民主工作,保障政府合法合规执法。在"三改一拆"工作中,政府也应当坚持法规立法合理,既要符合上位法、《立法法》的内容,也要符合浙江省各个地市的实际情况。政府还应当自觉接受监督,既要接受法律监督、人大监督,同样也要接受社会监督、群众监督,保证政府权力在阳光下运行。法治新常态下的"控权之治",不应当仅仅停留在监督层面,也要完善问责机制,对于政府违法违规行为,要对主要责任人员进行问责,通过行政问责、行政监察、政府信息公开、规范裁量权来实现法治政府、法治浙江的建设。

行动开展三年以来,浙江省政府以法治浙江为抓手,以旧住宅区、旧厂区、城中村改造,以及拆除违法建筑为重点突破口,取得了卓越的成绩,充分实现了促发展、拓空间、优环境、保稳定、惠民生的要求。但是我们也应当认识到,部分政府在行政执法过程中,存在着实体违法和程序违法的情况,其中实体违法主要包括以下十二种情况:超越应有的职权范围、行政行为中法律适用存在不当、行政过程中毁坏公私财物、公安机关不履行治安职责、行政过程中选择性执法、行政机关不履行法律职责、行政征收过程存在不当、强制售卖行政相对人被扣押财物、违法影响行政相对人营业、行政复议违法、违法的行政登记和行政撤销行为,以及行政补偿不当。程序性违法则主要涵盖了以下 8 种情形:未在文书中引用具体法律条款、未给当事人申辩权利、书面通知错误、未送达相关文书、未告知原告向法院起诉的期限、拆迁时间争议、未履行法定程序即强制拆迁、"三改一拆"行动中的形式要求。

通过对全省范围内"三改一拆"工作的反思,相比较于工作中取得的成绩,我们更应当重视在这一行动中所暴露出来的问题,并提出合理化建议。这样既可以为党委领导、政府执行、人大监督和政治协商提供政策参考,也可以为政府纠正行政过错提供理

论上的借鉴，为司法机构解决相关问题提供理论支持。针对这些
问题，浙江省在法治浙江建设过程中，应当充分发挥排头兵的作
用，重视地方治理结构在法治轨道上的贯彻，加强对政府规范性
文件合法性的审查，重视政府行政决策程序和实体的合法性，以
及一系列由"三改一拆"行动所诱发的行为。在这一基础上，我们
同样要重视舆情监督，充分了解公民对于"三改一拆"行动的真实
想法和态度，完善行动中矛盾与问题的多元解决机制，加强政策
制度的宣传工作，纠正"官商一体"等错误认识。"三改一拆"行动
是法治浙江建设的生动体现，政府在执法过程中要实现有法可
依、有法必依、执法必严、违法必究，发挥"法治浙江"的先发优势，
做"法治中国"的优秀样本。

目　录

第一章

绪 论

一、本课题提出的背景、研究意义和价值

(一)本课题提出的背景

近年来,随着城市化建设的不断推进,棚户区改造过程中所产生的问题日益成为制约发展的瓶颈。2013 年国务院发布了《关于加快棚户区改造工作的意见》(国发〔2013〕25 号),全国各地迅速开始了对旧住宅区、旧厂区等的改建、改造,及违章建筑的拆除。浙江省委、省政府立足全面落实中央指示、全面深化改革、加快转型升级,结合"法治浙江"建设的实际,做出了"三改一拆"重大战略决策部署。该工作的主要目标是全面开展对城市规划区内旧住宅区、旧厂区和城中村的改造,拆除全省范围内违反城乡规划和土地管理等法律法规的违法建筑。迄今为止,"三改一拆"工作取得了显著成效,但是与三年前相比,"三改一拆"工作面临的主客观情况发生了很大变化,以下两个方面构成了本课题的直接背景。

1.法治新常态对"三改一拆"工作提出了新要求,带来了新机遇,需要全面研究

十八届四中全会以来,随着各项改革的不断深入,法治新常态已经形成。特别是 2015 年修订的《中华人民共和国立法法》赋予设区的市以地方立法权以后,浙江省享有立法权的地方从原来的杭州、宁波两市扩大到全部 11 个地级市,给"三改一拆"工作带

来了极大的机遇和前所未有的挑战。法治新常态是改革开放以来我国法治建设和法治现代化进程的战略升级,是法治实然态、应然态和必然态叠加而形成的法治发展新状态、新局面和新趋势。它要求当下的法治具备的形式常态是"规则之治",实质常态是"良法之治",社会公平的底线是"公正之治",法治的价值追求是"保障人权之治",体现把公权力关进制度的笼子里是"控权之治",体现法治的优越性是"多数人之治",体现人民意志是"公开之治",体现人民当家作主是"民主之治",法治各个环节的德性是"文明之治"。法治新常态为"三改一拆"工作带来的不但有法治制约,还有法治保障,是"法治浙江"建设乃至"法治中国"建设的生动实践。早在 2006 年 5 月,在时任浙江省委书记习近平主持下,浙江省委十一届十次全会做出了建设"法治浙江"的重大决策,率先开启了法治建设在省域层面的全新探索,为建设"法治中国"提供了宝贵经验和鲜活样本,浙江省也成为国家提出"依法治国"方略及其入宪之后,第一个提出具体法治目标的省级地方。2015 年 5 月,习近平总书记到浙江考察工作,在谈到法治建设时强调:各地要认真落实全面依法治国,不断在立法、执法、司法、普法上取得实质性进展。夏宝龙书记也多次强调浙江省要"努力在推进依法治国进程中走在前列","要把'三改一拆'与法治浙江建设紧密结合起来,以法治为保障持续深入推进'三改一拆',做到不获全胜决不收兵"。所以,"三改一拆"工作作为"法治浙江"建设的主要抓手之一,在法治新常态下面临的挑战是巨大的,但机遇也是空前的,需要全面研究。

2. "三改一拆"工作中遇到和产生的诸多问题都可以还原为法治问题,需要运用法治的思维去解决,需要深入研究

为推进"三改一拆"工作,浙江省内各级政府都建立了"三改一拆"行动领导小组,制定出台了"三改一拆"行动实施方案,建立了追责机制。然而在此过程中遇到和产生了以下一系列典型问

题:一是"三改一拆"行动过程中遇到的棘手问题,主要包括在"三改一拆"过程中,地方治理结构(党委领导、政府执行、人大监督、政治协商)如何在法治轨道上得以贯彻的问题;各级政府出台的关于"三改一拆"的规范性文件本身的合法性问题、溯及力问题和效力问题;"三改一拆"重大行政决策实体与程序合法性问题;寺庙道观等宗教场所涉嫌违法建筑整治问题;如何依法处理"钉子户"的问题;作为主体,政府、集体与居民(村民)法律关系问题;"三改一拆"中的土地权属、物权确认、拆迁安置、征收补偿、强制拆除问题等。二是"三改一拆"行动诱发、直接导致和产生的问题,主要包括居民(村民)群体性事件处置问题;越级上访处置问题;宗教信仰自由的法律界限问题;《物权法》《行政处罚法》《行政强制法》《行政诉讼法》《土地管理法》《城乡规划法》《国有土地上房屋征收与补偿条例》之间法律规范衔接、解释和适用问题;"三改一拆"执行案件双轨制并行("申请法院强制执行"与"行政机关自行强制执行")的协调问题;司法独立原则与法院支持"三改一拆"工作的平衡问题等。这些既涉及体制也涉及制度与机制的法治问题极其复杂,需要系统地开展以理论为指导,以实证为基础,理论与实际高度融合的深入研究。

(二)研究意义和价值

在法治新常态背景下,依法行政是法治政府建设的主要抓手,法治政府建设是法治中国建设的核心目标,法治中国是依法治国方略的最终目标,法治浙江建设则是依法治国、建设社会主义法治国家伟大实践的地方样板。而"三改一拆"工作则是浙江省依法行政、法治政府和法治浙江建设的生动实践。属于行政范畴的"三改一拆"工作,几乎涉及了浙江省依法行政实践中出现和面临的各种新问题、新挑战。据此,本课题具有重要的理论价值和实践意义。

其理论意义在于:第一次以"三改一拆"这样一个实践命题为切入点,站在中国特色社会主义政治体制的高度,从实然与应然、法律和法理的双重维度,系统梳理了依法行政的基本法律规范体系和基本原理体系,丰富了依法行政、法治政府建设和依法治国的地方治理素材,凸显了法治理论的地方特色,展现了法治浙江建设的理论创新成果。

其实践价值在于:关于在"三改一拆"中贯彻地方治理结构的研究成果将为党委领导、政府执行、人大监督和政治协商提供政策参考;关于"三改一拆"工作各环节的合法性机制的研究成果将为各级政府及其部门开展工作提供操作指南;关于终审行政败诉案件的研究成果将为政府纠正行政过错提供理论借鉴;关于"三改一拆"案件司法问题的研究成果将为浙江省各级司法裁判机构解决相关问题提供理论支持;关于"一府两院"协同机制的研究成果将为各级政府与同级法院、检察院开展有效合作提供参考路径。

二、本课题国内外研究现状

(一)文献情况

本课题的文献资料和信息数据均来自权威检索工具或为直接调研取得的第一手资料,确保了文献的查全率、查准率,真实性和权威性。文献检索的工具和方式主要包括:运用读秀图书检索网络平台和超星数字图书馆网络平台检索图书文献,运用中国知网和万方平台并结合其他交叉索引检索论文文献,运用中国裁判文书网和对浙江省各级法院的调研检索或取得裁判文书案例,通过对浙江省委"三改一拆"工作领导小组、浙江省政府法制办、浙江省人大法工委、11个地级市法制办等单位的调研检索或取得规范性文件、规章、法规,以及研究报告,通过浙江省社科联检索相关研究课题立项情况和研究报告。

1.关于"法治新常态"的学术文献

课题组通过读秀平台和超星数字图书馆,结合其他交叉索引,尚未检索到关于"法治新常态"的图书。课题组通过中国知网和万方数据平台检索到与"法治新常态"相关的论文 59 篇,其中直接以"法治新常态"为主题的学术论文 19 篇,其中核心文献 8 篇,既有著名法学家江平、李龙、张文显的高度理论概括,也有来自地方政府部门和司法机关的实务工作者的实证分析。课题组通过百度、360 等搜索引擎搜索到与"法治新常态"相关的各类一次文献 1761 篇,经测算,查全率为 87.3%,查准率为 12.8%,说明有效文献数量少,本课题的研究程度较差,有进一步深入研究的必要。考虑到作为新常态理论构成部分的"法治新常态"的理论性较强,研究报告等实践性成果极少,且与本课题关联度不强,因此课题组未做研究报告类文献的检索。

2.关于"三改一拆"的学术文献

课题组检索到以"三改一拆"为主题的图书仅有 4 种。检索到与"三改一拆"有关联的文献 246 篇,其中直接以"三改一拆"作为主题的文献 68 篇。在这 68 篇文献中,发表在《中共贵州省委党校学报》《现代经济探讨》《中共浙江省委党校学报》等学术刊物、属于学术论文的文献仅仅有 6 篇。其他主要发表在《今日浙江》《浙江国土资源》《杭州周刊》《宁波通讯》等刊物上,属于工作交流或新闻报道类文献。另外,通过百度、360 等引擎搜索到与"三改一拆"相关的各类一次文献 831 篇,经测算,查全率为 91.3%,查准率为 6.77%,说明学术界对"三改一拆"的主题缺乏深入的研究。

3.其他关联学术文献

尽管"三改一拆"是浙江的实践,但是,它的实质内容与全国普遍的"棚户区改造""旧住宅区改造""旧厂区改造"和"城中村改造""违法建筑拆除"具有同一性或相似性,所以,本课题检索和收集的资料内容除了"三改一拆"之外,还涵盖了以上五个主题。课题组主要检索到著作 14 部、论文 5106 篇,其中"旧厂区改造"17 篇、"棚户区改造"2972 篇、"旧住宅区改造"34 篇、"城中村改造"2057 篇、"违法建筑拆除"26 篇。经研究,根据其内容可分两类:

(1)密切关联学术的文献:印建平《棚户区改造案例研究》,中国城市出版社 2013 年 8 月出版;沈晖《治理城市违法建筑的法律机制研究》,同济大学出版社 2013 年 10 月出版;王才亮《违法建筑处理与常见错误分析》,中国建筑工业出版社 2013 年 5 月出版;蒋拯《违法建筑处理制度研究》,法律出版社 2014 年 6 月出版;王洪平《违法建筑的私法问题研究》,法律出版社 2014 年 7 月出版。通过对摘要的分析研究,统计出密切关联的论文 117 篇。

(2)非密切关联学术的文献:周忠轩主编《历史的丰碑:辽宁棚户区改造的探索与实践》,辽宁人民出版社 2012 年 11 月出版;韩高峰、毛蒋兴主编《棚改十年:中国城市棚户区改造规划与实践》,广西师范大学出版社 2016 年 7 月出版;李莉、张辉编著《中国新型城镇化建设进程中棚户区改造理论与实践》,中国经济出版社 2014 年 9 月出版;刘勇《旧住宅区改造的民意回归:以上海为例》,中国建筑工业出版社 2012 年 4 月出版;孙事龙编《城中村改造法律实务》,中国政法大学出版社 2012 年 9 月出版;王新、蔡文云《城中村何去何从? 以温州市为例的城中村改造对策研究》,中国市场出版社 2010 年 12 月出版;余光辉《南宁市城中村改造问题研究》,广西科学技术出版社 2014 年 6 月出版;许华《城中村改造模式研究》,国家行政学院出版社 2013 年 7 月出版;谢蕴秋《规划、博弈、和谐:"城中村"改造实证研究》,中国书籍出版社 2011 年 6 月出版。通过对摘要的分析研究,统计出非密切关联的论文 4989 篇。

4.研究报告

课题组检索到与本课题相关的研究报告有:《浙江省四项重大决策部署舆情的调查与分析》,系 2015 年度浙江省哲学社会科学规划"社会重大舆情调研"专项的预立项课题研究报告,项目负责人为浙江科技学院刘宗让;《我省"三改一拆"行动中的倾向性问题:现状调查、根源剖析与预警机制构建》,系 2015 年度浙江省哲学社会科学规划项目,项目负责人为浙江财经大学倪建伟;2016 年 3 月《"土地开发权"视野之下的留地安置模式研究》,报告负责人为杭州市委党校姚如青。

5.司法裁判案例

截至 2016 年 9 月 6 日,课题组通过中国裁判文书网和对浙江省各级法院的实地调研,检索取得属于"三改一拆"范畴的裁判文书案例 859 件,其中一审案件 697 件,二审案件 162 件。详见表 1.1。

表 1.1 裁判文书案例表

案件来源	一审案件数量	二审案件数量
杭州市	上城区 1,下城区 5 江干区 12,拱墅区 8,西湖区 4,萧山区 20,富阳区 4,淳安县 2,建德市 7,临安区 5,杭州中院 16	杭州中院 12
宁波市	海曙区 1,江东区 4,江北区 12,北仑区 3,镇海区 4,鄞州区 30,象山县 5,宁海县 1,余姚市 21,慈溪市 9,宁波中院 21	宁波中院 7
温州市	龙湾区 1,永嘉县 7,平阳县 2,苍南县 2,瑞安市 2,温州中院 1	温州中院 2
嘉兴市	秀洲区 4,嘉善县 14,海盐县 2,海宁市 2,平湖市 7,桐乡市 1,嘉兴中院 85	嘉兴中院 4
湖州市	南浔区 3,德清县 9,长兴县 6,安吉县 3,湖州中院 10	湖州中院 8

续 表

案件来源	一审案件数量	二审案件数量
绍兴市	越城区 31,柯桥区 4,上虞区 13,新昌县 7,诸暨市 19,嵊州市 2,绍兴中院 11	绍兴中院 9
金华市	金东区 10,武义县 1,浦江县 1,兰溪市 1,义乌市 15,东阳市 1,永康市 9,金华中院 9	金华中院 20
衢州市	柯城区 9,衢江区 18,常山县 8,江山市 35,衢州中院 5	衢州中院 17
舟山市	定海区 1,嵊泗县 1	舟山中院 2
台州市	椒江区 3,路桥区 5,玉环县 1,三门县 1,仙居县 14,温岭市 8,临海市 10,台州中院 7	台州中院 13
丽水市	莲都区 25,青田县 1,松阳县 22,龙泉市 12,丽水中院 14	丽水中院 5
浙江省	——	浙江省高院 63

注:在以上案件中,581 个案件属于与"三改一拆"密切相关案件。

6.规范性文件和政府规章

课题组检索和收集到的规范性文件包括浙江省人民政府《关于在全省开展"三改一拆"三年行动的通知》、浙江省国土资源厅《关于切实加强"三改一拆"行动中违法用地建筑拆除和土地利用工作指导意见》、浙江省人民政府法制办公室《关于加强行政复议工作依法保障"三改一拆"行动的意见》、浙江省人民政府《关于开展"无违建县(市、区)"创建活动的实施意见(试行)》和 11 个地级市的 25 个"三改一拆"规范性文件。相关的立法只有《浙江省违法建筑处置规定》。2015 年前,原来就享有地方立法权的杭州市和宁波市均未制定关于"三改一拆"的地方性法规和规章。

(二)代表性观点述评

"法治新常态""三改一拆",以及法治与"三改一拆"的结合三个主题的研究成果构成了本课题的直接研究基础;其他关联文献为本课题研究提供了必要的理论借鉴;3 份研究报告和 859 个司法裁判案例构成本课题的基本实证素材。

　　1."法治新常态"方面成果的主要观点述评

　　这个主题下检索到的核心文献基本围绕法治新常态的内涵和基本要求两个问题展开。从内涵上讲,法治新常态意味着法治应当成为党和政府治国理政的常态方式,尤其是政府应恪守依法行政的基本原则。对社会而言,法治新常态也意味着法治应当成为全社会的常态化行为模式,依法办事成为人们的基本共识。也有学者从法治新常态与经济新常态的关系入手,探讨法治新常态的内涵,认为经济新常态与法治新常态紧密联系,并统一于中国特色社会主义现代化建设中;经济新常态应体现市场经济的规律,通过法治途径使国家权力的行使更加理性化和规范化,以市场调节作为主要手段、以国家干预作为次要手段。有学者从法理上高度概括了法治新常态的内容,即法治新常态是规则之治、良法之治、公正之治、保障人权之治、控权之治、多数人之治、公开之治、民主之治和文明之治。

　　从法治新常态的基本要求来看,法治新常态要求全面依法治国与全面深化改革、全面从严治党、全面建成小康社会相辅相成,党的领导、人民民主、依法治国新型统一,法律规范体系、法治实施体系、法治保障体系、法治监督体系、党内法规体系五位一体,科学立法、严格执法、公正司法、全民守法、人才强法全面推进,依法治国、依法执政、依法行政共同推进,法治国家、法治政府、法治社会一体建设,国家法治、地方法治、社会法治协调发展,市场经济法治化、民主政治法治化、国家治理法治化三化同步,人权得到切实尊重和保障,公权受到有效制约和监督,公共治理有序推进,国家能力显著提升,社会秩序包容和谐,公平正义普照大众,法治转型为治国重器与良法善治深度融汇,国内法治、国际法治、全球法治相得益彰。基层政府实务部门也认识到法治新常态要求"提高法治新常态的思维能力和水平""领导干部要依法决策""以法治新常态引领经济新常态"。检察部门的实务工作者提出"领导干部要在法治新常态下承担更大历史责任"。有学者认为,在法治新常态下,推进依法行政和法治政府建设的难点、重点也在基层:一方面,有法不依、执法不严、违法不究等问题依然存在;另一方面,多头执法、交叉执法、重复执法,以及以罚代管、粗暴执法、违法执法等现象时有发生。这其中,除了体制机制上的原因外,很大程度上是基层行政执法机关及其工作人员的素质和执法水平问题,同时也受到经费、人员配置、执法条件保障等因素制约影响,甚至部分基层执法单位还在靠罚没收入保运转、保工资等,这些都严重制约着基层政府的依法行政水平。也有学者认为基层乡镇党委政府向基层法庭发号施令,要求基层法庭参与与审判职能无关的行政执法、招商引资等工作,有干预司法之嫌。

中国学术界对法治的系统性研究已经有近40年历程。从20世纪80年代开始的"依法治理",90年代提倡的"依法治国",到21世纪初主抓的"依法行政",再到2010年以来推动的"法治国家"和十八届四中全会以来明确提出的"法治中国"目标,是其展开的主线。由于"法治新常态"是在法治理论日益成熟的情况下形成的,所以以上关于法治新常态内涵和基本要求的概括十分精准地反映了整个国家与社会在法治问题上的高度共识。这些研究成果表明,法治新常态要求将一切涉及公权力和私人权利的事务全面纳入法治轨道。这为本课题提炼概括法治新常态对政府和行政管理相对人在"三改一拆"过程中各自需要承担的法律义务提供了理论支撑,从而构成了本课题研究的背景性基础。

2."三改一拆"方面成果的主要观点述评

2013年3月13日,浙江省人民政府发布了《关于在全省开展"三改一拆"三年行动的通知》,"三改一拆"工作正式启动。各地陆续开始制定、发布规范性文件,或制定行动方案,纷纷投入到这项工作中。随着工作的推进,面临的问题逐渐显现出来,一些相关的研究成果也产生了。有学者认识到,"三改一拆"已不再是一个土地用途和强度提升的技术问题,而是面对大量的既得利益主体,进行利益重新分配的难题。温州市"三改一拆"存在的主要问题是信心不足,改造阻力大,资金筹集难、改造主体选择难,规划缺乏统一性、政策缺乏系统性,推进缺乏协调性、工作机制有待完善。事实上,根据前期研究调研,本课题组认为这些问题在全省11个地级市中具有普遍性。11个地级市在实践中反复遇到旧村改造中的"钉子户"问题,土地规划与城市规划的制约问题,政策和法律依据不足问题,执法人员能力和素质问题等。本课题组成员的前期研究(问卷调查)显示,59.8%的干部认为"三改一拆"面临的最大问题是"涉及方方面面的利益,很难兼顾"。一是转型生产和再就业措施脱节。"三改一拆"后一些小企业、养殖场、家庭作坊大多将面临关停的命运,企业转型生产和群众再就业的指导、鼓励措施未及时跟进,易引发群体性事件。二是无法兼顾群众改善生活的强烈意愿。受到近年来土地指标向主城区房产、基建项目倾斜的政策影响,一些乡镇和山区因始终拿不到农户建房指标,以违建附属用房解决住房困难的群众,"三改一拆"实施后意见反响较大。三是社会底层保障力度还需进一步加强。"三改"区域往往是城市贫民和外来务工者密集区,改后可能造成其流离失所,陷入生活困境。四是"三改一拆"可能涉及的历史文化遗存,需甄别并加以保护。还有人注意到了承租人权益的保障问题,认为拆迁在政府的主导之下进行,并以保护"公共利益"作为实施拆迁的目的,在此情况下,拆改户常常不得不搬离原住所,然而被拆改房屋的承租户在法律上根本没有依据直接获得国家补偿,他们只能通过与房屋所有人签订补偿协议获得赔偿。然而,这个补偿协议已属民事纠纷的范畴,在意思自治原则指导下,倘若房屋所有人不答应赔偿或者赔偿甚少,承租人只能凭借自己的力量来解决问题,或谈判或起诉,但这对于大多数的承租户来说成本实在太高。

以上问题其实都是在工作实践中出现的一些表象问题,这些问题大多数站在政府的立场上审视在"三改一拆"过程中政府面临的挑战,属于政府本位的问题。然而,在法治新常态背景下,用法治的眼光审视"三改一拆",必须认识到政府作为管理者,在行使公共权力的过程中,以国家和社会公共利益为导向只是属于工具理性的价值范畴,而终极目标是为广大人民群众谋取福利,处理好公共利益与私人利益的关系,实现公共权力与私人权利的平衡。所以,如本课题组在研究背景中所述,在法治新常态背景下,以上所有问题都可以还原为法治问题,这正是法治新常态的价值所在。

3. 法治与"三改一拆"的关系方面成果的主要观点述评

党委、政府及其部门在法治与"三改一拆"关系的认识上是明确的。浙江省委明确要把"三改一拆"工作作为深化法治浙江建设的大平台,要相信人民群众、发动人民群众、依靠人民群众,在法治的轨道上推进"三改一拆"工作。政府部门一开始就认识到要运用法治思维推进"三改一拆",以提高工作效率,切实保障人民群众的合法权益。但是,学术界和实务部门都没有关注到人大和政协在"三改一拆"工作中应当发挥的作用以及发挥作用的途径。事实上,在各地的实践中,人大、政协很少就"三改一拆"作为专题,开展民主监督和参政议政活动。人大、政协与党委、政府在这方面合法的,有创新性、针对性的工作机制急需建立,这需要在本课题中加以深入研究。

也有学者提出了运用法治思维推进"三改一拆"工作的思路,包括完善立法,加强"三改一拆"的法制保障;恪尽职守,提升民众的法律信仰;程序公正,提升"三改一拆"的法治化水平;创新管理,探索"三改一拆"的现代治理模式。本课题组成员在调研中注意到个别党员干部、人大代表、政协委员作为既得利益者,成为

"三改一拆"工作的阻力。对此,政府部门也表示,凡是那些涉及党员领导干部的、群众反映强烈的、违法面积特别大影响特别恶劣的违章建筑,以及那些认定确属违建且经过教育拒不执行拆违的社会强势单位或个人,不论职务多高、名气多响、贡献多大,都要不折不扣、干干净净地依法强拆,并作为负面典型宣传报道,达到以儆效尤的舆论效果,形成事半功倍的带动效应。显然,运用法治思维、法治手段推进"三改一拆"是极其重要的,这些认识和法治措施具有一定的针对性。2015 年修订后的《立法法》赋予设区市立法权,当前浙江省 11 个地级市均享有立法权,以往只能通过行政规范性文件解决的"三改一拆"难题,现在有望通过地方性法规或者政府规章予以解决,而这方面的理论和实践都还是一个空白,这也构成了本课题研究的一个内容。

在"三改一拆"与宗教信仰自由的关系上,有学者认为"三改一拆"没有法外之地,法律面前没有"既成事实","三改一拆"与宗教信仰自由并不矛盾。我们认为,不能武断地认为"三改一拆"与宗教信仰自由有矛盾,而是应该从实践中判断作为管理者的政府与行政管理相对人是否在法定的范围内行使权力和享受权利。有学者通过问卷调查,分析后得出结论,认为杭州市群众对"三改一拆"中的立法工作、执法工作、司法工作满意度均在 99% 以上,"三改一拆"已经成为法治浙江建设的大平台。该调查的样本量是 2400 份,涉及了立法、执法和司法三个法治实践环节。但是我们课题组前期研究发现,杭州市"三改一拆"的案件(包括一审和二审)多达 96 件,是 11 个地级市中最多的,且各级政府的败诉率超过 71%,因此,这个结论的真正价值需要慎重评估。

"三改一拆"与司法有着密切的联系。三年来的"三改一拆"实践产生了大量行政诉讼案件,即"民告官"的案件,法院受理的多达 859 件。2013 年 8 月 20 日,中共浙江省委办公厅转发《浙江省高级人民法院关于为"三改一拆"工作提供司法保障的若干意见》(浙委办发〔2013〕58号），该文件是浙江省高级人民法院经省委同意，并由省委办公厅转发的一个法院系统的规范性文件。这个文件要求各级人民法院在审理执行涉"三改一拆"案件时，要切实兼顾"三改一拆"工作整体推进与当事人合法权益保护的关系，不能因为少数当事人无理诉求影响"三改一拆"工作的推进，进而损害公共利益，同时也要监督纠正"三改一拆"中的违法行政行为，有效保护当事人的合法权益。这实际上是司法给党和政府在"三改一拆"案件审理上的一个承诺，给司法提出了一个严峻的问题：如何把握能动司法的度？也就是在遵守司法有限原则的前提下，如何充分发挥司法能动性，为"三改一拆"行动提供司法保障和支持。这一问题是目前法院工作面临的难题，法院的实务工作者提出了这个问题，然而并没有引起理论界的关注。本课题组将通过对859个行政诉讼案例中典型的政府败诉案件进行研究，进而反推出法治新常态对政府"三改一拆"工作的刚性法律和法理要求。

综上，本课题组认为以上研究成果较好地揭示了法治新常态的一般内涵和要求，认识到了法治应当在"三改一拆"工作中发挥主导性的规范、保障和引领作用。但是，由于"法治新常态"这一范畴才刚刚定型，其对政府行政行为尤其是"三改一拆"的刚性要求尚需要系统梳理和挖掘；同样，"三改一拆"类的司法审判实践对政府行政行为提出了诸多尚待回应的问题和尚需改正的不足，这些都为本课题的进一步研究提供了广阔的空间。

三、本课题的基本内容，拟突破的重点、难点及主要创新之处

（一）本课题的基本内容

2015年修订的《立法法》赋予设区市在城乡建设与管理、环

境保护、历史文化保护等方面的立法权,这为浙江省"三改一拆"工作带来了新机遇,也提出了新挑战。本课题的总问题如下:法治新常态对"三改一拆"工作提出了哪些新要求?"三改一拆"工作面临哪些新挑战?如何纠正以往实践中存在的诸多问题?如何更好地在法治的轨道上推进"三改一拆"战略部署?所以,本课题的基本内容可以分解为以下五个专题。

1. 法治新常态的二重维度研究

法治的本质就是秩序,而秩序的维持有赖于对权力的限制和对权利的保障。法治新常态不但要求"将权力关进制度的笼子"以保障权利,同时要求所有主体必须遵守法律,整个社会必须在法治的轨道上运行。因此,此专题将重点研究法治新常态下政府权力运行的一般机制和特殊机制。与此相对应,还要展开对法治新常态下社会权利运行一般机制的研究。

2. 法治新常态对"三改一拆"工作的总体要求研究

在第一个专题对法治新常态研究的基础上,遵从从一般到具体的逻辑理路,进而就法治新常态对"三改一拆"工作的总体要求这个具体问题展开研究。浙江省作为经济社会先发省份,在领导体制上有一定的地方特色,所以党委、人大、政协与政府的关系方面在"三改一拆"工作中应当有合乎法治新常态的特点,需要深入研究。在理顺政府与党委、人大、政协关系的法治途径的基础上,本专题将深入对法治新常态下"三改一拆"中政府行政行为价值取向的研究,这直接关系行政行为的效果和社会反响。最后,本专题将结合浙江省司法审判中出现的典型案例概括出"三改一拆"中行政行为实体合法性要求和程序合法性要求的一般规范,研究的切入点是政府由于实体违法而败诉的 12 类典型案件和由于程序性违法而败诉的 7 类典型案件,见表 1.2、表 1.3。

表1.2 政府实体违法导致败诉典型案件

序号	违法事项	案件名称
1	超越应有的职权范围	孙德永诉临海市人民政府邵家渡街道办事处案(〔2015〕台临行初字第29号) 马敏诉临海市人民政府大田街道办事处案(〔2015〕台临行初字第8号) 郑月容诉台州市椒江区人民政府案(〔2014〕浙台行初字第27号) 金华市金东区雪兵糕点坊诉金华市金东区澧浦镇人民政府案(〔2015〕浙金行终字第265号)
2	行政行为中法律适用存在不当	王新初诉永康市前仓镇人民政府、永康市人民政府案(〔2016〕浙0784行初5号) 郑月容诉台州市国土资源局椒江分局案(〔2014〕台椒行初字第52号) 王新初诉永康市前仓镇人民政府、永康市人民政府案(〔2016〕浙0784行初5号) 吴跃余诉永康市前仓镇人民政府、永康市人民政府案(〔2016〕浙0784行初2号) 嘉兴市吉禾玻璃经销公司诉嘉兴市经济技术开发区公安局、嘉兴市综合行政执法局案(〔2015〕嘉秀行初字第18号)
3	行政过程中毁坏公私财物	徐新富诉义乌市佛堂镇人民政府、义乌市综合行政执法局案(〔2015〕金义行初字第109号) 宁波市东海广告有限公司诉宁波市鄞州区集士港镇案(〔2015〕甬鄞行初字第10号) 宁波市金榜广告有限公司诉余姚市陆埠镇人民政府案(〔2014〕甬余行初字第45号)
4	公安机关不履行治安职责	李许法诉杭州市公安局萧山区分局案(〔2015〕杭萧行初字第87号) 杨晓龙诉嵊州市公安局案(〔2015〕绍诸行初字第207号)
5	行政过程中选择性执法	孙新凤诉宁波市镇海区人民政府案(〔2015〕甬镇行初字第31号) 张盈国诉宁波市北仑区城市管理行政执法局案(〔2015〕甬北行初字第24号) 余丽娟诉仙居县皤滩乡人民政府案(〔2014〕台仙行初字第26号) 陈耀堂诉衢州市衢江区周家乡人民政府案(〔2016〕浙0802行初12号) 姚正峰诉绍兴市城市管理行政执法局案(〔2014〕绍越行初字第84号)

续 表

序号	违法事项	案件名称
6	行政机关不履行法律职责	孙秋英诉慈溪市人民政府案(〔2015〕浙甬行初字第37号) 江山市区大亿广告美术工作室诉常山县住房和城乡规划建设局案(〔2015〕衢常行初字第10号)
7	行政征收过程存在不当	义乌市九联砖瓦厂诉义乌市人民政府、义乌市国土资源局案(〔2014〕浙金行初字第50号) 王强诉诸暨市人民政府案(〔2013〕浙绍行初字第6号)
8	强制售卖行政相对人被扣押财物	王功勋、杜娟诉平湖市新埭镇人民政府案(〔2014〕嘉平行初字第9号)
9	违法影响行政相对人营业	诸暨市暨东畜禽专业合作社诉诸暨市人民政府浣东街道办事处案(〔2016〕浙0681行初13号) 徐华夏诉义乌市苏溪镇人民政府案(〔2015〕金永行初字第43号)
10	行政复议违法	浙江景宁恒泰钢管制造有限公司诉景宁畲族自治县梧桐乡人民政府等案(〔2015〕丽松行初字第42号) 浙江景宁永卓不锈钢管有限公司诉景宁畲族自治县国土资源局等案(〔2015〕丽松行初字第37号)
11	违法的行政登记和行政撤销行为	吴瑞琪诉金华市金东区人民政府、金华市国土资源局案(〔2015〕浙金行初字第102号)
12	行政补偿不当	仇离、陈超然等诉杭州市国土资源局萧山分局案(〔2015〕浙杭行终字第282号) 义乌市九联砖瓦厂诉义乌市人民政府、义乌市国土资源局案(〔2014〕浙金行初字第50号)

表1.3 政府程序违法导致败诉典型案件

序号	违法事项	案件名
1	未在文书中引用具体法律条款,未给当事人申辩权利	绍兴市大地广告有限公司诉绍兴市越城区斗门镇人民政府案(〔2015〕绍越行初字第15号)
2	书面通知错误	陈海平诉丽水经济技术开发区管理委员会案(〔2015〕浙丽行初字第9号)

序号	违法事项	案件名
3	未给当事人申辩权利	青田县东鑫阀门有限公司诉青田县东源镇人民政府案(〔2015〕丽莲行初字第 135 号)
4	未送达相关文书	尚伟中诉缙云县人民政府新碧街道办事处案(〔2015〕丽莲行初字第 34 号)
5	未告知原告向法院起诉的期限	郑邦介诉三门县水利局、三门县珠岙镇人民政府案(〔2015〕台三行初字第 14 号)
6	拆迁时间争议	吴高冲、黄仲华诉诸暨市东白湖镇人民政府案(〔2015〕绍柯行初字第 157 号)
7	未履行法定程序即强制拆迁	温岭市石桥金星灯具厂诉温岭市石桥头镇人民政府案(〔2016〕浙 1081 行初 1 号) 浙江风扬广告有限公司诉仙居县白塔镇人民政府案(〔2015〕台仙行初字第 43 号) 吴祖孝诉义乌市义亭镇人民政府、义乌市国土资源局案(〔2015〕金义行初字第 79 号)

3. "三改一拆"工作面临的政策法律支持方面的挑战及其应对策略研究

本专题首先研究党委决策的规范化对"三改一拆"工作的支持。我国党委领导的政治体制在地方治理中的具体运用,发挥着十分重要的作用。然而在基层治理中党委如何领导以及其决策的规范性要求和合法路径是什么? 这需要结合浙江省实际进行深入研究。

其次研究政府如何通过行政规范性文件规制"三改一拆"工作。本专题将重点对 11 个地级市的 25 个规范性文件进行法理解析和合法性论证,纠正地方行政规范性文件中存在的普遍问题,见表 1.4。

表 1.4　11 个地级市关于三改一拆的规范性文件

地区	行政规范性文件名称
杭州市	1.《杭州市"三改一拆"三年行动计划(2013—2015)的通知》
	2.《关于加快推进棚户区改造工作的实施意见(试行)》
	3.《市政府办公厅关于进一步加强杭州市违法建筑防控工作的实施意见》

地区	行政规范性文件名称
宁波市	1.《宁波市人民政府关于印发宁波市开展"三改一拆"三年专项行动方案的通知》
	2.《宁波市"三改一拆"三年专项行动旧厂区改造实施方案》
温州市	1.《关于切实做好 2015 年温州市"三改一拆"重点工作的通知》
	2.《关于加强保障性安居工程建设和管理的实施意见》
	3.《温州市区结合城中村改造建设保障性住房的若干意见》
	4.《关于温州市政府法制工作服务保障"三改一拆"行动的实施意见》
金华市	1.《关于印发〈金华市违法建筑处置暂行规定〉的通知》
丽水市	1.《中共丽水市委丽水市人民政府关于组织开展"三改一拆"三年行动的实施意见》
	2.《丽水生态产业集聚区松阳分区管委会关于开展"三改一拆"三年行动的实施方案》
衢州市	1.《衢州市人民政府办公室关于印发 2015 年市区"三改一拆"项目攻坚行动方案的通知》
	2.《衢州市人民政府办公室关于印发市区河道综合治理"三改一拆"专项行动实施方案的通知》
绍兴市	1.《绍兴市"三改一拆"行动实施方案》
	2.《绍兴市人民政府办公室关于开展"无违建"创建活动的实施意见》
	3.《绍兴市国土资源局关于印发〈推进"三改一拆"行动实施方案〉的通知》
台州市	1.《关于开展"三改一拆"三年行动的通知》
	2.《关于严明党员干部在"三改一拆"三年行动中有关纪律要求的通知》
湖州市	1.《湖州市"三改一拆"专项行动实施方案》
	2.《2015 年湖州中心城区"三改一拆"专项行动实施方案》
	3.《湖州市"无违建乡镇(街道)"创建活动实施方案》
嘉兴市	1.《中共嘉兴市委嘉兴市人民政府关于印发嘉兴市"三改一拆"三年行动计划的通知》
	2.《嘉兴市"三改一拆"行动违法建筑处理实施细则》
舟山市	1.《舟山市"三改一拆"行动违法建筑处理实施细则》

再次研究国家法律和地方立法对"三改一拆"工作提供法律规范支持的现状和不足,重点调研浙江省 11 个地级市在获得立法权后无法推进与"三改一拆"密切相关的立法的原因,并提出针对性的建议。

最后,本专题将从政府作为被告在行政诉讼案件中的败诉率为切入点,系统探讨司法审判在保障和推进"三改一拆"战略部署中应当发挥作用的界限和程度。分析的对象和研究的基础为课题组前期调研成果(见表 1.5)。

表 1.5 不同审级中政府的败诉率

审级	败诉率
政府总体败诉率	59.20%
一审政府败诉率	64.14%
二审政府败诉率	20.69%

4."三改一拆"工作面临的社会挑战及其应对策略研究

主要包括法治新常态下,"三改一拆"过程中已经涉及和今后可能涉及的宗教设施处置、行政行为引发或导致的民族宗教问题的法律应对措施,"钉子户"问题及其法律应对措施,违法上访、闹访、缠访等信访问题及其法律应对措施和重大突发事件、群体事件、重大舆情事件及其法律应对措施。由于这些来自社会的挑战一般是由具体行政行为诱发和导致的,所以以本专题研究的基础是本课题组前期对不同类别的政府职能部门作为被告败诉案件的调研成果,尤其是要对民族宗教部门未作为被告的现象进行深度研究(见表 1.6),并开展社会对政府"三改一拆"工作满意度的大数据采集和样本容量为 10000 的大样本调查。

表 1.6　政府职能部门作为被告的败诉率

职能部门作为被告	败诉率
土地规划部门	86.67%
国土资源部门	79.25%
各类管理委员会	75.00%
城市管理(综合行政执法)部门	64.62%
县(市区)、乡、镇政府及街道办事处	59.51%
公安部门	33.33%
民族宗教部门	——

5. "三改一拆"行政执法自身面临的普遍问题及其应对策略研究

从"三改一拆"工作涉及的具体内容来看,包括土地权属、物权确认、拆迁安置、征收补偿、强制拆除等多方面的法律问题,从主体关系看涉及政府、集体、企业、村(居)民等多个主体间的法律关系。据此,本专题主要内容包括土地调整与发展规划问题及其法律应对策略研究,政府及其部门程序性违法及其矫正策略研究,政府及其部门实体性违法及其矫正策略研究和拆迁补偿、赔偿、安置等重点问题的合法性政策应对机制研究。由于这些突出的问题一般都是将政府直接作为被告(有的将政府部门作为共同被告),所以研究的切入点是课题组前期对不同行政级别政府作为被告败诉率的研究成果(见表 1.7)。

表 1.7　不同行政级别的政府败诉率

层级	同层级不同机关的败诉率	总体败诉率
地市级		——
县级	区 52%,市(作为共同被告:局 52.78%,县 50%,县级市 80%)	57.37%
乡镇级	镇 64.1%,乡 54.17%,街道 69.52%,(作为共同被告:区分局 35.71%,县局 71.64%,县级市分局 62.07%)	65.00%

（二）拟突破的重点、难点及主要创新之处

1. 拟突破的重点、难点

本专题旨在通过全面系统的研究，为在法治新常态下推进"三改一拆"工作提供直接解决普遍存在的问题的方案，所以，"三改一拆"行政执法自身面临的普遍问题及其应对策略将是本专题的一个重点研究内容，也是本课题的落脚点。还由于"三改一拆"工作本身就是一项"惠民工程"和"法治实践大平台"，本课题必须提供解决"三改一拆"产生的社会问题的法治方案，因此，"三改一拆"工作面临的社会挑战及其应对策略研究也是本课题拟突破的重点。由于法治新常态要求司法必须恪守社会公正的底线，因此本课题通过政府败诉的典型案件来反推和构建"三改一拆"的合法性运作机制显得尤为重要。然而，在司法裁判中法院是否真正坚持司法公正的底线，往往不能只从败诉率的高低来判断，故而本课题组还需要深入地对裁判文书进行分析，甚至要对政府机关行政诉讼的证据加以重新甄别才能够全面判断。所以，开展法治新常态对"三改一拆"工作的总体要求的研究将是本课题拟突破的难点。同时，从"三改一拆"涉及的法律看，既有公法也有私法，主要涉及《宪法》《立法法》《物权法》《行政处罚法》《行政强制法》《行政许可法》《行政诉讼法》《土地管理法》《城乡规划法》《国有土地上房屋征收与补偿条例》等法律和诸多法规、规章，数量最多的是各级政府及其职能部门的行政规范性文件。这些法律或规范中，下位者同上位者相矛盾冲突的地方很多，要在"三改一拆"主题下做系统化梳理和解释应用，是一个难点，需要着力突破。

2. 主要创新之处

本课题从理论上构建法治新常态下政府权力运行和社会权利运行的双重机制以及法治新常态对政府"三改一拆"工作的总体要求，为"三改一拆"工作提供法治理论上的宏观指引和中观维度。本课题挖掘了法治新常态下"三改一拆"工作存在的问题和面临的政策、法律支持方面的挑战、社会挑战，及自身挑战，并创新性地提供了一系列的法治应对策略，将为"三改一拆"的实践提供借鉴和直接对策建议。另外，通过对裁判文书的分析和裁判满意度的调查，就法治新常态下应对司法腐败和领导干部干预司法、司法的地方保护主义等问题提出对策建议。

资料挖掘利用方面，创新性地使用"全样本"资料。作为应用对策性极强、理论性极其丰富的研究项目，本课题收集了浙江省 11 个地级市与"三改一拆"密切关联的全部 859 个案例和全部 25 个行政规范性文件。就研究方法而言，尽管主要采用了案例分析法和规范分析法，但是课题的主体部分即"三改一拆"工作面临的三大挑战及其法律应对，则采用了类型化的研究法，对不同政府级别、不同审判级别和不同类型的职能部门的案件败诉率进行精确量化研究。分类研究共性与差异性，这也是多种综合性研究方法交织在一起使用的尝试。而使用 SPSS 系统对调查采集的社会对政府"三改一拆"工作满意度的大数据和样本容量为 10000 的大样本进行定量分析，将极大地提升研究结论的客观性。

四、本课题的研究思路和研究方法

(一)研究思路

本课题首先从宏观上厘清法治新常态下政府权力与社会权利两个运行机制，以此为基础，从中观上概括提炼出法治新常态对"三改一拆"工作的四项总体要求，进而在微观上通过对涉及"三改一拆"的法律体系和行政规范性文件体系的梳理，对照实证调研结果，发现和分析"三改一拆"工作面临的政策法律风险，并提出相应的法治应对措施。通过对司法裁判案例(尤其是政府败诉典型案件)、社会对政府"三改一拆"工作满意度的大数据和样本容量为 10000 的大样本调查的分析,提出"三改一拆"工作面临的社会挑战及其法治应对策略。通过典型案例分析对土地权属、物权确认、拆迁安置、征收补偿、强制拆除等"三改一拆"行政执法各个环节进行合法性审视,指出"三改一拆"行政执法自身面临的普遍问题及其应对策略。

(二)研究方法

由于本课题所研究的问题具有综合性的特点,法治研究的定性与定量的要求,决定了研究过程中需要采取多种研究方法才能达到研究目的。为此,本课题主要采用了如下研究方法。

1.规范分析法

运用该方法分析法治新常态下政府权力运行机制和社会权利运行机制,为案例分析中司法裁判的过程提供理论支撑,为行政规范性文件的合法性提供解释根据,为"三改一拆"中克服挑战的策略与措施提供合法性诠释。

2.案例分析法

运用该方法将收集到的"三改一拆"的司法裁判案例进行全面、深入、多层次、类型化的分析。

3.类型化研究法

运用该方法将收集到的"三改一拆"的司法裁判案例按不同政府级别、不同审判级别和不同类型的职能部门区分为三个层次,对不同类型案件的败诉率进行精确量化研究,分类研究共性与差异性。

4.社会调查研究方法

无论是审视法治新常态下"三改一拆"工作面临的挑战还是提出应对策略和措施,均需建立在实证的基础上,而这种实证研究的必要路径就是社会调查。本课题在后三个专题中均运用此方法获取大数据、大样本,并运用 SPSS 系统定量分析。

第二章

法治新常态下政府权力运行机制及完善路径

"马克思·韦伯以合理主义价值立场和类型化比较研究与发生学因果关系相结合的方法论考察了建构在理性文化基础上的欧洲资本主义工业化时代社会的主导统治形式——官僚体制问题,并对其做了解释性理解与因果分析,形成了著名的官僚制组织理论,它奠定了现代政府组织理论和权力运行理论的基础。"[①]对于政府权力运行机制的划分,马克斯·韦伯将合法的支配方式大致划分为法理型、传统型和"卡里斯玛型"。法理型支配"求人们服从的并非是支配者个人,而是服从一个非人格性的无私秩序;组织内行政管理人员在处理组织成员理性地追求其利益等事务中,要遵循法律规范而设的行政程序并且遵循这些一般化的基本原则。"[②]其具体特征表现为:(1)遵循法律至上原则,在法理型支配下,统治者与被统治者都被要求遵循法律所赋予的权力与权利义务;(2)区别于传统型支配下的人治模式,法理型支配下实施的是客观化的、非人格化的管理,即理性官僚制;(3)法理型支配要求以法律规范为基础,建立完善的管理权限和责任制度。部分学者认为,1978 年之后,我国逐步形成法理型政府权力机制,初步具备监管权威型、双向型、人本主义型政府权力运行机制的特

---

① 冯银庚,官僚制与转型期政府权力运行机制理性化重塑,求索,2005 年第 1 期。

② 黄小勇,现代化进程中的官僚制——韦伯官僚制理论研究,哈尔滨:黑龙江人民出版社,2003 年版。

征。① 1978 年到 2016 年是中国特色社会主义法治理论逐步建立的阶段,也是法理型政府权力机制逐渐完善与发展的阶段。从中外政府权力结构比较来看,我国类似于大陆法系国家,政府注重行政上的协调统一;从历史发展上来看,政府突出宏观调控职能,但仍然享有广泛的资源配置权,含有计划经济的色彩。十八届四中全会,中共中央通过了《关于全面推进依法治国若干重大问题的决定》(以下简称《决定》),在深化三中全会加快法治中国的论述的基础上,提出一系列的新思想、新观点、新论断。《决定》中对于"依法行政,加快建设法治政府"的论述是基于我国政府权力运行机制的现状以及对政府权力运行机制提出的新目标和新规划。中共中央在《决定》中着重提出的深入推进依法行政,加快建设法治政府的要求,意味着在法治新常态的背景下,政府要切实遵守依法行政原则,落实权力清单制度,明晰权力来源,完善权力监督,做到"有法可依,有法必依,执法必严,违法必究"。

一、法治新常态下的政府权力运行机制

法治新常态不仅要求政府处理好与其他权力的关系,同样要求完善政府自身权力运行机制。从纵向来看,各级政府应推进事权规范化、法律化,完善不同层级政府,特别是中央和地方政府事权法律制度。在强化中央政府宏观管理能力的同时,通过制度设定职责和必要的执法权,强化省级政府统筹推进区域内基本公共服务均等化职责,以及市县政府执行职责。在政府权力的纵向运行的过程中,要处理好中央政府与地方政府的关系、政府与职能部门的关系。

---

①参见王勇,演进与互动:西北少数民族地区政府权力运行机制与公民权利保障,甘肃社会科学,2006 年第 5 期。

(一)法治新常态下中央政府与地方政府的关系

通常,上级政府在做出一项决策后,下级政府理应按照上级政府的决策来进行落实,然而在实际运作过程中,上下级政府,尤其是中央与地方之间往往存在权力博弈。其原因主要存在于三方面:地方利益与整体规划存在冲突;法律对于各级政府事权的规定不够清晰;各级政府都具备独立的财政权与人事权。

就人事权而言,我国宪法对其有明确的规定,政府由各级地方人民代表大会产生,对它负责,受它监督,政府及其职能部门的领导由人大任命或决定,同时人大是由直接选举或者间接选举产生。从中可以看出,各级政府都具备独立的人事权。在财政权方面,1994 年的分税制改革,初步理清了中央与地方间的税务收支关系,使二者的税收呈现出"两条线"。虽然地方政府仍有自己独立的财政权,但是在实际操作过程中明显呈现出事权下移、财权上移的状况。在这种背景下,地方政府财政收入减少,而所需处理的事务增多,加剧了地方政府的工作压力。如果中央政策与地方利益发生冲突,地方政府则可能消极执行国家政策。就事权方面来看,中央和地方的国家机构职权的划分,遵循在中央的统一领导下,充分发挥地方的主动性、积极性的原则。这一原则,既强调中央的统一领导,又注重地方主动性和积极性,并且其特殊性也即灵活性的存在,本身即表明这两者之间存在内在冲突和张力却又必须保持平衡。① 其中统一领导,是指上下级政府之间存在领导关系与指导关系,上级政府对下级政府的领导关系是指下级政府对上级政府命令的执行与服从,指导关系是指上级政府对下级政府享有在业务上的指导权和监督权。但是政府职权的模糊

①参见王建学,论地方政府事权的法理基础与宪政结构,中国法学,2017 年第 4 期。

性导致了上下级政府之间事权不明,尽管在一定程度上保障了地方的主动性和积极性,但是也造成了中央与地方博弈态势的加剧,不利于国家政策的统一执行。因此在法治新常态下,推进各级政府事权的规范化与法律化是建设法治国家的题中应有之义。

政府事权的法治化是政府转型过程中的核心环节,明确政府间的事权关系,是权力清单、责任清单与负面清单制度在政府权力纵向运行中的具体要求。但是目前中央与地方之间的事权规定却处于缺位状态。在《决定》中,中共中央提出了推进中央政府与地方政府事权法律制度,充分发挥中央政府的宏观调控作用,同时发挥地方政府的自主权,充分调动地方政府的积极性与参与度,促进地方经济发展。同时也尽量规避在事权规定不明的情况下事权不断下移,造成地方政府负担过重,财政赤字不断加大,伤害其积极性。法治新常态下要求政府明确其纵向权力间的事权分配,保障中央政府与地方政府间关系的稳定,为建设法治国家提供坚实保障。

(二)法治新常态下政府与工作部门的关系

中央政府与地方政府、上级政府与下级政府之间以指导关系为主,相比较而言领导关系特征不太明显,而政府工作部门无论在事权、人事权还是财政权都受政府领导。《地方各级人民代表大会和地方各级人民政府组织法》第五十九条第二款规定,县级以上的地方各级人民政府"领导所属各工作部门和下级政府的工作"。其对政府工作部门之间的管辖与领导具体体现在人事权、事权、财政权三方面。

在人事权方面,《地方各级人民代表大会和地方各级人民政府组织法》第六十四条第一款规定:"地方各级人民政府根据工作需要和精干的原则,设立必要的工作部门。"第三款规定:"自治州、县、自治县、市、市辖区的人民政府的局、科等工作部门的设立、增加、减少或者合并,由本级人民政府报请上一级人民政府批准,并报本级人民代表大会常务委员会备案。"除机构的设置外,政府工作部门和机构的领导成员人选,同样是在经过党委讨论决定后,由政府任命。在财政权方面,《预算法》对各政府工作部门预算执行、更改、决算都进行了明确的规定。其中第二十三、二十四条规定,各级政府有权监督本级各部门及下级政府的预算执行,改变或撤销本级各部门和下级政府关于预算、决算的不适当的决定、命令。对于财政预算执行,第五十三条明确规定,各级预算由本级政府组织执行,具体工作由本级政府财政部门负责。第五十七条第二、三款规定,各级政府、各部门、各单位的支出必须按照预算执行,不得虚假列支。各级政府、各部门、各单位应当对预算支出情况开展绩效评价。以上规定充分体现了政府与政府工作部门之间在财政权上的领导与被领导关系。在事权方面,《中华人民共和国地方各级人民代表大会和地方各级人民政府组织法》也对政府及其工作部门接受各级政府领导进行了明确的规定,第六十六条:"省、自治区、直辖市的人民政府的各工作部门受人民政府统一领导,并且依照法律或者行政法规的规定受国务院主管部门的业务指导或者领导。"第六十七条:"省、自治区、直辖市、自治州、县、自治县、市、市辖区的人民政府应当协助设立在本行政区域内不属于自己管理的国家机关、企业、事业单位进行工作,并且监督它们遵守和执行法律和政策。"这两条内容充分体现了政府工作部门在事权方面,接受政府和上级工作部门的双重领导,各级政府对工作部门具有领导职能,同时,对垂直领导的工作部门,各级政府尽管没有领导权,但同样具备监督权。由此三方面可以看出,政府与其工作部门之间的关系是领导与被领导的关系、监督与被监督的关系。

就政府与政府工作部门之间的关系来看,一方面,各级政府更容易组织各个工作部门成立联合工作组,集中力量办大事,就浙江省范围内来说,无论是"五水共治""最多跑一次",还是"三改一拆"行动,都充分体现了在政府统一领导下,各个工作部门协调配合,快速推进各项工作的开展。另一方面,这种领导关系,如果不对事权进行明确的划分,则容易导致政府对工作部门的日常工作进行事无巨细的指导,不能发挥工作部门的积极性与主动性,而工作部门也会因出于懒政、怠政、避免担责等心理,不愿基于自己专业性与部门实际情况开展工作,从而极大影响工作质量。法治新常态下,明确政府各工作部门事权,各级政府充分发挥宏观指导功能,使各工作部门各司其职,发挥自身的积极性与主动性,是推进法治政府建设的应有之义。

(三)法治新常态下政府权力运行过程中的社会参与

政府与政府工作部门之间的领导关系,往往导致政府工作部门在开展工作的过程中,为避免可能出现的治理风险,完全按照政府规划进行行动,而忽略了复杂多变的社会状况以及本地方的实际情况。面对这种情况,应当充分发挥社会组织的作用,为社会治理注入活力。正如黄晓春教授所说:"政府行政部门在权衡社会组织的公共服务功能与潜在的治理风险后,在灵活性与弹性不足时,往往会通过发展社会组织来重塑灵活性与弹性空间,发挥社会组织对公共服务有效供给,社会组织适应社会需求多样化的特征,形成行政'借道'社会的机制。"[1]因此完善政府,尤其是基层政府与工作部门间的关系,便不可能脱离开社会组织而孤立地去谈这一问题。在法治新常态下,不仅要明确政府与行政部门之间的权力与责任,赋予行政部门更强的灵活性与积极性,更要完善政府、行政部门与社会组织之间的关系,更多地强调政府的

---

[1]黄晓春、周黎安,政府治理机制转型与社会组织发展,中国社会科学,2017年11期。

引导与宏观调控职能,避免广泛的行政干预,保持社会组织较高的独立性与自主性。同时,政府与行政部门应当积极主动发挥其优势,在法律允许的范围内,发挥其引导与监督职能,降低社会组织可能产生的不利风险,同时也要完善权力清单与责任清单,强调法定职权,避免社会组织滥用自身的权力而引发治理危机。例如大量的社会力量会介入政府的拆迁工作,根据《城市房屋拆迁单位管理规定》,这些拆迁单位必须经过政府主管部门的审查批准,在执行拆迁工作的过程中,则需要经过司法程序批准。尽管拆迁工作看起来是由法定主体经法定程序来进行,但是深究其中内涵,可以看出,作出决定所依据的实体法仍存在问题。虽然目前由司法拆迁逐渐代替行政拆迁,也即由法院作出拆迁判决代替政府作出的拆迁行政许可,但是作出行政许可的主要依据仍是《征收与补偿条例》,然而这一依据不仅同《立法法》第六条相冲突,同样违背了《宪法》十三条与《物权法》第四十二条之规定。随着司法作出拆迁决定代替了行政决定,伴随而来的是不仅法律之间的冲突。拆迁公司为了提高效率,往往不愿严格依照法定程序进行拆迁工作,公民因个人财产损失而进行诉讼和上访,也引发了新的社会治理危机。政府作出决定后,应当如何引导与监督社会组织进行拆迁工作是"三改一拆"工作中所要面对的主要问题。因此,在法治新常态下,政府、工作部门都应当严格遵守法律,尤其是上位法,公平执法,切实认识到其所作出的决定既是权力又是责任,要严格执行自身所肩负的责任,对社会组织进行引导与监督,避免由此产生治理风险。社会组织则应当自觉履行自身义务,接受政府的监督,肩负起自己的社会责任。

(四)小　结

在法治新常态下,中共中央作出的《关于全面推进依法治国若干重大问题的决定》,是我国逐步建立法理型政府权力运行机制的重要一环,阐述了全面推进依法治国的重要意义,为我国建立法治社会与法治国家提供了指导思想。政府权力运行机制在不同的历史时期中呈现出不同的历史形态,正如马克斯·韦伯所划分的,政府权力结构可以分为传统型、"卡里斯玛型",以及法理型。由于政府权力具有天然的扩张性,不同于传统型与"卡里斯玛型",法理型更强调一切遵循一种严格无私的秩序,由此避免政府权力的恣意妄为。在法治新常态下,全面深化改革的总体目标是完善和发展中国特色社会主义制度,推进治理体系与治理能力现代化。在这一总体目标下,我们应当不断完善社会主义法治体系,要求政府在法律规定的范围内活动,公权力遵守法律这种严格无私的秩序,严格遵守宪法,维护宪法,加强宪法实施,一切政府权力都应当是由法律所赋予的,依此来处理复杂的政府权力运行机制。

在全面推进依法治国的过程中,我国也深刻认识到法理型支配存在的天然的缺陷,严格无私的秩序应当是一种理想的状态,在实际的社会生活中,法律往往滞后于社会的发展,且一切都由法律加以规制与约束,往往造成法条的纷繁复杂,不利于人们的应用,也极大制约了人们的积极性与主动性,因此在全面推进治理体系与治理能力现代化的过程中,也应当处理好政府与社会组织之间的关系,充分发挥社会组织的积极性与能动性,充分发挥政府的引导与监督职能,避免产生治理危机。法治新常态下,政府权力运行机制是在社会主义法治理论与社会主义法治体系建立并不断完善的基础上形成的明确、有序、高效的运行机制,同样在日新月异的新时代中,要不断加强政府权力运行机制的适应能力,切实建设成职能科学、权责法定、执法严明、公开公正、廉洁高效、守法诚信的法治政府。

二、法治新常态下政府权力运行机制完善路径

职权法定原则是建设法治政府的基石,这就要求在法治新常态下,政府权力运行要遵循职权法定原则;要求完善权力清单与责任清单制度,实现控权之治;要求推进政务公开,除接受党的监督、人大监督、政协监督、司法监督外,还要自觉接受人民监督、社会监督、舆论监督;要求政府文明执法,落实重大决策合法性审查机制,落实责任制度,实现执法必严、违法必究。

(一)法治新常态下落实政府职权法定原则

权由法定,权由法使,法定职责必须为,法无授权不可为,这是对政府依法行政的一项基本要求,应当贯穿于政府权力运行过程的始终。在《决定》中,中共中央提出推进机构、职能、权限、程序、责任法定化,行政机关不得法外设定权力,没有法律法规依据不得做出减损公民、法人和其他组织合法权益或者增加其义务的决定,将公权力装进笼子里。我国政府在过去普遍存在法外设定行政权力的情况,政府权力的行使过程既不符合法律规定,也有悖于法定程序。基于以上客观事实,中共中央在《决定》中切实提出推进职权法定原则这一要求。

过去,在政府权力运行机制内,因权责不明而产生的行政主体不作为、乱作为、懒政、怠政、失职、渎职等一系列行为,造成了极其恶劣的影响,因此迫切要求政府实现其机构、职能、权限、程序、责任法定化。在过去,政府的职能、机构、编制根据法律、法规、行政规章等规范性文件确定,法律、法规、行政规章都是由法定主体经过法定程序颁布,依此确定政府的职能、机构、编制当然符合职权法定原则,但根据"三定方案"来确定则有待商榷。对此刘晓云教授与吴雁平教授展开了充分的讨论,基于十八届四中全

会所公布的《决定》,政府的权力应当由法律来进行规定,而并不能由行政机关内部的编制管理机构根据"三定方案"来制定。①

同样在贯彻职权法定这一原则的同时,也要认识到"三定方案"这一规范性文件在历史过程中对于政府职能、机构、编制的确定发挥了积极的功能,而法律法规、行政规章更多地发挥了宏观上的指导作用。法律存在滞后性,一经颁布可能就已经落后于现实实际的需要,完全依据法律法规来确定政府职能、机构和编制缺乏灵活性,且各地区之间的经济、文化,及习惯上的差异造成了政府职能需要存在差别。因此贯彻职能法定原则要求我们既要遵守法律,同时也要听取政府内部职能部门的真实需要,吸取"三定方案"中存在的正确因素,而不能一刀切地取缔"三定方案"。笔者认为取缔"三定方案"之前要切实落实好完善好法律法规,做好衔接工作,或者将"三定方案"经过论证,并加以完善后将其上升为法律法规,规范其内容。法治新常态下,落实政府权力运行机制中权力来源的法定化,是建设法治政府,实行依法行政的必要前提,是明确政府权力边界的有效措施,是限制政府权力扩张的有效举措,职权法定原则的贯彻实施有利于人们了解政府权力,有利于及时寻求救济,职权法定是法治新常态下政府权力运行机制的必要前提。

(二)法治新常态下推进权力清单、负面清单与责任清单制度

权由法定,权更要公开。法治新常态下的政府权力运行机制要切实落实权力清单、负面清单与责任清单制度。中共中央在《决定》中强调:"推行政府权力清单制度,坚决消除权力设租寻租空间。"权力清单、负面清单与责任清单的建立是为了控制权力并

---

① 参见刘晓云,法制政府建设视野下依据"三定方案"制定档案行政权力清单的缘由及趋势——兼与吴雁平商榷,档案管理,2016 年第 4 期。

使其在法治的范围内行使,厘清政府与市场、政府与社会的关系,明确政府及其工作部门的权力,将权力关进制度的笼子中,给权力划定边界,并向权力的服务对象公开公布。① 这一制度是对"法无规定不可为,法定职责必须为"这一原则的深化,是权责一致的具体体现,是推进政务公开,建设阳光政府、责任政府的必要举措。

推进权力清单、负面清单与责任清单制度,要求政府所列权力是由法律所赋予的,符合政府转型的要求。在保障权由法定这一基本原则之前,我们首先要正视我国部分法律、法规、规章和解释之间存在着冲突这些冲突为实现依法治国这一目标造成了很大的困扰,因此在确立权力清单与责任清单之前,我们应当完善法律冲突的调节机制,消弭法律、法规、规范性文件之间存在的冲突,仍不能解决的应当进行法条的清理,建构起协调统一的法律体系。同时,十八届四中全会提出政府要深化行政执法体制改革,根据减少层次、整合队伍、提高效率的原则,合理配置执法力量,推进综合执法,以确保消除执法体制权责脱节、多头执法、选择性执法,执法司法不规范、不严格、不透明、不文明等一系列现象。我国政府体制改革处于转型时期,2008 年 2 月 27 日,中共十七届二中全会通过了《关于深化行政管理体制改革的意见》(以下简称《意见》),提出的总体目标要求在 2020 年建立起比较完善的中国特色社会主义行政管理体制,并逐步开展了大部制改革,政府权力更强调在宏观上的指导作用,发挥市场对资源配置的基础性作用。因此,在推行权力清单、负面清单与责任清单时,也要遵循《意见》中对行政体制改革提出的要求:加快政府职能转变、发挥市场配置资源的基础性作用、强调宏观调控指导作用、减少对

①参见任学婧、费蓬煜,推行行政权力清单和责任清单制度研究——以河北省为例,人民论坛,2016 年第 2 期。

微观经济运行的干预。在构建政府权力清单制度时,首先要梳理政府权力,切实使每一项政府权力都有合法的法律来源;其次要依照职权法定原则,参照关于转变政府职能的《意见》的要求确定政府的权力;最后,编制并公开行政权力清单和责任清单,厘清权力边界,规范权力公开透明运行。① 权力清单与责任清单制度的确立体现了"有权必有责,用权受监督"这一法治政府的基本要求,是实现法治国家的根本保障。

政府权力因其自身的广泛性与灵活性,法律、法规和规章并不能全面地加以规定。为了更好发挥政府的职能,防范公权力侵犯公共权利,我们要通过程序法对政府过程加以控制。推行权力清单、负面清单,以及责任清单制度是对政府权力运行的事前控制,为政府行使权力划定了边界。在政府权力范围内,政府权力运行过程中应当充分发挥政府的自由裁量权,保障政府职能的落实。政府在行使行政组织、行政决策、行政许可、行政处罚、行政强制、行政公开、行政诉讼等权力的同时,要建立起关于程序的法律规范,使各级政府权力的行使能依规则、按步骤、合标准。② 而在以往,由于传统观念的影响以及控权理论研究的匮乏,传统的行政程序偏重于内部管理,重视上下级之间的指导与监督作用,对权力的限制往往集中在事前规制,忽略了对科学的权力运行程序进行建构,导致了政府权力清单制度的落实往往流于形式,政府的公信力因此出现下降的趋势。因此,在法治新常态下的政府权力运行机制,应当将科学的权力运行制度与清单制度建设为互为表里的制度形式,共同保障政府权力运行的平稳有序,将政府权力运行置于阳光之下,接受人民的监督。

---

① 参见任学婧、费蓬煜,推行行政权力清单和责任清单制度研究——以河北省为例,人民论坛,2016 年第 2 期。

② 参见杨连专,权力运行异化的法律防范机制研究,宁夏社会科学,2017 年第 6 期。

(三)法治新常态下政府权力运行机制要求完善行政责任机制

徒法不足以自行,仅仅建立起权力清单、负面清单、责任清单,以及科学的权力运行制度不足以完全约束住具有天然扩张性的政府权力。并且,政府权力作为一种单向性的支配权力,做出的行政行为往往会给被支配者带来巨大的损失,因此,除在宪法、法律、法规中明确政府应当享有的权力外,国家在立法层面也应当尽快完善追责机制,贯彻落实"有权必有责,用权受监督,违法受追究"这一理念。不仅是政府的职能部门,作出决策的人员也应当承担相应的民事责任、行政责任,甚至是刑事责任。

"行政责任是指国家行政机构及其公共部门的公务人员在工作中必须对国家权力主体负责,必须通过对自身职责的履行为人民谋取利益,否则将承担相应的后果。"[1]依据"职权法定"原则,政府的权力和职责都应当以清单的形式加以明确,按照权责一致的要求,凡是超越权力清单或者不依法履行责任清单的行为,政府都应当依法承担相应的责任,对其所造成的后果负责。从法治新常态来看,我国行政责任机制所面临的主要问题在明确责任追究的主体,完善行政责任的追究程序方面。我国行政责任追责的主体包括政府及其职能部门以及政府公务人员。在过去的研究中,行政责任追责制度的研究主要集中于对政府的追责。政府行政责任追究制度已经趋于完善,且有国家赔偿制度与之相配套衔接,但是公务员责任制度存在着许多问题。公务员责任制度主要体现于行政首长问责制。我国各级政府都实行民主集中制,但不能因此否认行政首长对政府行为所起到的决定作用与监督作用。在政府行使权力的过程中,因行政首长故意或重大过失所造成的

---

[1]栾建平、杨刚基,我国行政责任机制分析与探讨,中国行政管理,1997年第11期。

不利后果,应当对其进行问责。但是在具体实践中,首先,对于行政首长的问责往往存在政治责任、道义责任与法律责任界限不清,党纪责任与行政责任界限不清,正职责任与副职责任不清,领导责任与主管部门责任不清,上下级主管部门及其领导责任不清等诸多问题,直接影响了行政责任的公正、合法与有效实现。[①]其次,对政府或者政府职能部门的追责不能代替对政府公务人员责任的追究,同理对政府公务人员责任的追究也不能替代对政府或政府职能部门责任的追究。对政府或政府职能部门责任的追究更多体现在行政相对人的合法权益及时得到保护和补偿方面,避免上文中所述行政首长问责制中存在的权责不明的问题,使相对人及时获得国家赔偿,恢复正常的生产生活,维持政府公信力。而对政府公务人员的问责,尤其是对行政首长的问责制度则体现了"有权必有责,用权受监督,违法受追究"这一理念,享有权力必然要承担责任,因违法行使或者不认真行使自身权力造成行政相对人的损失,政府工作人员应当向所属的政府或者政府职能部门负责,承担相应的责任,这是对公权力进行监督与制约的有效手段。除了对主体责任的追究,还应当建立完善的行政责任追究程序。"如果说,实体法规定的是行政责任追究的目的、对象、范围和标准,那么,程序法就是达到这一目的的步骤、方式、时限和顺序。"[②]当追究行政责任时,一定要因法定事由且经法定程序,当违反了法定程序后,不利于对事实真相的查明,容易造成对被调查对象合法权益的侵害,造成实质不公。

[①] 参见刘志坚、宋晓玲,论政府公务员行政责任实现不良及其防控,法学,2013年第4期。
[②] 刘党,行政责任追究制度与法治政府建设,山东大学学报(哲学社会科学版),2017年第3期。

第三章

法治新常态下的社会权利运行机制

"现代意义的社会权利由英国人马歇尔进行了第一次系统论述,他认为社会权利是从享受少量的经济和安全的福利到充分分享社会遗产并按照社会通行标准享受文明生活的权利等一系列权利,与之最密切的相关的机构是教育系统和社会服务。"①1919年社会权利第一次被写入德国魏玛宪法,两次世界大战之后,民生凋敝,战争中人们毫无权利与尊严,各国开始反思战争所带来的灾难,因此在1948年《世界人权宣言》中提及了大部分人权,其中也包括公民社会权,西方福利国家制度开始蓬勃发展。

我国改革开放以来,也愈加重视对社会权利的保护,在《宪法》中明确规定了公民所享有的社会经济权利与教育、科学、文化权利。尽管众多的国际组织与国家都或多或少地承认了公民的社会权利,但是相比较于自由权而言,公民的社会权仍普遍处于被忽视的状态。通过对自由权与社会权的比较,我们可以看出,社会权利其自身所具备的发展权与不可诉性的特征,导致了社会权利一直处于宣言式的状态中。"十八届四中全会中中共中央作出了《关于全面推进依法治国若干重大问题的决定》,在深化三中全会加快法治中国的论述的基础上,提出一系列的新思想、新观点、新论断,具体体现为适应新形势、提出新目标、布局新规划。"②

法治新常态下,厘清社会权利运行机制,落实法治新目标,建

---

① 杨雪冬,走向社会权利导向的社会管理体制,华中师范大学学报(人文社会科学版),2010年第1期。

② 关于法治新常态的若干思考,光明日报,2014年12月24日。

设中国特色社会主义法制体系,首先要解决我国宪法保障社会权利实现的程序机制的缺乏问题,只有切实保障公民的社会权利,才能让人民活得有尊严。由于社会权利保障往往处于缺位状态,立法机关应当不断完善社会主义法治理论体系,适时根据宪法制定保障公民社会权利的相关法律,使公民的社会权利能够得到司法救济。其次,社会权利不同于自由权,社会权是第二代人权,其运行要求政府积极履行自身职能,提供各种必要的且能被所有公民平等享有的公共服务及社会保障,主动满足公民的基本生活需要,特别是加强对弱势群体进行保护。① 再次,由于社会权利的性质以及我国政府的权力运行机制,社会权利的实现需要整个社会共同参与,充分发挥社会组织、企业、家庭,以及个人的作用,形成《中共中央关于构建社会主义和谐社会若干重大问题的决定》中提出的党委领导、政府负责、社会协同、公众参与的社会管理格局,构建科学合理的社会权利运行机制。在社会权利运行的过程中,应当监督行政机关切实行使自身职能,保障社会保障制度符合社会经济水平。最后,在法治新常态下,法治国家与法治政府的建设过程中,对公民社会权利的保护应当充分发挥司法的作用,切实落实对人权保障的最后一道防线,对不完全履行职责的政府与非国家行为体,公民可以诉诸司法进行救济,以保障公民最基本的社会权利。

一、法治新常态下社会权利的法律保障

公民的社会权利是法定的基本权利,我国《宪法》在"公民基本权利"部分明确规定了公民所享有的社会权利,公民的社会权

---

① 参见张敏,社会权实现的困境及出路——以正义为视角,河北法学,2014年第1期。

利应当受法律保障。但我国目前并不存在违宪审查制度，因此在司法过程中，法官不能直接引用《宪法》作为判决的依据，也就导致了社会权利的保障缺乏权利实现的程序机制，公民的社会权利往往被忽视。因此，要加强对相关法律的立法。在宪法中，对政府、非国家行为体的职责加以明确，确定其权利义务关系，根据宪法及相关文件，对纲领性的公民宪法权利在基本法律、法规，及行政法规中加以明确并使之可以通过司法来保障。同时也要求立法机关及时建立确保宪法权利实现的程序性机制，在制度层面构建社会权利保障机制，完善行政程序、行政复议制度、仲裁与人民调解制度。

（一）法治新常态下社会权利的立法保障

法治新常态下的社会权利运行机制，需要依靠法治来实现，不仅要有静态的法律规定，同样需要动态的法律实施，保障社会权利的运行。关于保障公民的社会权利的内容，在《宪法》中早有明确的规定，《宪法》第四十二条至五十一条规定了我国公民所享有的社会权利，同时也明确规定了国家和社会所应肩负的责任，但是由于缺乏宪法权利实现的程序机制，使社会权利成为一种宣誓性的权利而难以保障。为保障公民的社会权利得以实现，应当通过立法构建宪法权利实施的程序机制，便于司法应用。据此，部分学者提出了在依宪治国语境下社会权立法化的两条进路：在宪法层面，通过落实制度保障性义务、组织和程序上的义务、立法机关的立法义务三个层面，最大限度实现国家的保护义务。在部门法层面，只纳入最低限度社会生活所必需的社会权，不仅利于行政诉讼中赋予权利主体对相应义务主体的诉权，同时也积极赋予了社会立法中相应主体以合理的主观权利。[①]

宪法是国家的根本大法,是治国安邦的总章程,是党和人民意志的集中体现,我国现行宪法对公民基本权利的规定中对社会权利进行了比较全面的确认,属于法定权利,非因法定事由并经法定程序,任何机关、组织和个人都无权剥夺公民的社会权利。但是在各国的实践过程中,社会权利由于其自身不明确、要求政府与社会积极行使职权等特点,并且碍于司法不得干预行政而常常不能得到有效的保障。相比于国家权力,社会权利往往处于弱势地位,与之相似,司法权相比较于行政权也处于弱势地位。正如部分学者所提出的,公民的社会权利不是没有可诉性,而是可诉性的限度与诉讼后执行的问题,因此,保障公民社会权利应当加强宪法层面的立法保障。

全面推进依法治国首先要遵循依宪治国,单单有内容明确、体系协调的宪法并不足以实现法治国家、法治政府。法治的实现依靠的是宪法和法律的有效施行。社会权利作为公民的基本权利,应当受到宪法的保护,法治新常态下的社会权利运行机制,要求我们在宪法的修改过程中增加社会权利保障的程序性规范,建立违宪审查机制,建立完备的权利实施的程序机制。[②] 在行政机关、社会组织,及个人不积极主动履行职责或义务时,由具备宪法解释权的机关依照宪法权利实施的程序机制提起司法救济,追究其法律责任。在宪法文本中,对行政机关、社会组织、企业、个人应当承担的社会职责进行明确的规定,设定国家义务与社会义务,明确各政府工作部门的职责,设定清晰的义务清单,督促政府积极履行自身的职责,避免各部门之间相互推诿扯皮,使其自觉接受群众的监督,切实做到有权必有责,用权受监督,建立相互配

---

① 参见汤闯森,依宪治国语境下社会权立法化进路分析,社会科学家,2016年第 4 期。

② 参见潘荣伟,论公民社会权,法学,2003 年第 4 期。

合、相互监督、和谐有序的政府权力运行机制。另外,公民社会权利作为社会再分配的一种方式,也是实现社会公平的有效手段。完善宪法中对于立法机关立法义务的规定,加强立法机关的立法能力,促使立法机关积极行使立法权,使立法工作全面反映客观规律与人民意愿,加强法律的可操作性,保障公民的社会权利能够得到有效的司法救济,有利于充分保障公民尊法、信法、守法、用法意识,充分发挥公民社会权利对于社会阶层的整合功能,促进社会和谐稳定。

宪法作为纲领性文件,相比较于其他法律,其内容规定往往具有原则性、纲领性的特征,而公民社会权利往往具有模糊性,一般概念难以将其界定清晰,宪法条文中又不宜详细列举社会权利,因此,在立法过程中应当充分发挥部门法的功能,通过立法机关的立法,将有关社会救济、社会保险、社会补助、公共教育与公共卫生等的社会保障制度建立起来。在法律、法规、规章中对公民的社会权利进行体系化的界定。正如龚向和教授所言:"公民的社会权利不同于自由权,公民的自由权排除公权力的介入,大多数情况下其对应的是国家消极的不作为,而社会权利是要求国家积极行为的权利,国家的义务是积极的作为。"①公民的社会权利需要通过国家公权力来实现,应当对国家公权力进行有效立法监督,建立合理有效的权利义务清单制度,国家应当严格依照宪法、法律、行政法规的规定行使公权力,自觉遵守权力清单、责任清单制度,贯彻落实"法无规定不可为,法律规定必须为",切实做到有法可依、执法必严、违法必究。

众多的部门法中,行政法是规制公权力,保障公民权利最重要的法律,但是行政指导行为与行政给付行为却缺乏相关单行法

———————————

① 参见龚向和,社会权与自由权区别主流理论之批判,法律科学(西北政法学院学报),2005 年第 5 期。

律加以规范。特别是涉及社会权利实现的行政给付行为未能得到法律规范,行政机关对最低生活保障费、养老保险金、抚恤金的发放等缺乏程序规范,易引起行政不作为、行政迟延作为等现象,实质上损害了相对人的权益,背离了社会权追求的实质正义。①对于此类无法可依的情形,立法机关必须肩负起立法责任,尽快完善部门立法,尽快形成有法可依、体系协调的法律系统。同时,《社会救助法》自 2005 年开始起草,至今仍未公布,根据其征求意见稿可以看出,《社会救助法》是一部保障公民社会权利的法律,是保障公民最低限度的生活要求的法律,这部法律的公布有助于实现公民社会权利司法救济的实现。基于目前公民社会权利运行现状,《社会救助法》的出台迫在眉睫,立法机关既要加快立法速度,也要提高立法质量,做好立法的论证工作,广泛地听取意见,制定一部符合我国经济社会发展现状的《社会救助法》。

(二)法治新常态下社会权利的动态保障

公民社会权利的实现要依靠行政机关所做的行政决定以及社会的配合,对社会权利的救济要依靠法律的实施,完备的社会权利立法并不能实然使公民获得最基本的生活保障。在过去的一段时间内,行政机关有法不依、执法不严、违法不究现象比较严重,执法体制权责脱节、多头执法、选择性执法现象仍然存在,司法不规范、不严格、不透明、不文明现象较为突出。在法治新常态下,建立起完善的社会主义法治体系,要求立法机关完善行政复议制度、仲裁制度,以及行政诉讼制度。行政机关在执法过程中,严格遵守权利清单、责任清单,切实履行自身所肩负的责任,保障公民的社会权利得以实现,加强上下级行政机关之间的监督作

---

① 张敏,社会权实现的困境及出路——以正义为视角,河北法学,2014 年第 1 期。

用。司法机关作为公民寻求救济的最后一道防线,应当谨守法律职业道德,在司法过程中应当规范、透明,主动向公民释法。

公民社会权利的属性要求行政机关应积极主动行使职权,满足公民最基本的社会经济生活需求,但是由于公民社会权利的模糊性和难以界定等特征,行政机关往往怠于履行,抑或者不完全履行这一职责。由于我国目前并没有违宪审查制度,公民的社会权利往往通过行政诉讼的方式来得以维护,但是行政诉讼往往只审查具体行政行为,受教育权、劳动权等社会权利却不在行政诉讼法的审查范围内,这无疑导致了公民社会权利缺乏法律救济手段。因此,行政诉讼制度应当及时完善,构建体系统一,内部协调的行政诉讼法,而非以单行法的形式来加以协调。可见加快建设与完善中国特色社会主义法治体系势在必行。

保障公民社会权利应当建立正当的行政程序,正如"迟到的正义不是正义",公民的社会权利需要政府的行政给付来加以保障,而往往这部分给付正是公民所迫切需要的,在行政诉讼的过程中,司法机关应当正确处理效率和公正之间的关系,完善行政诉讼程序,使行政诉讼中的诉讼期限、诉讼费用等程序性事项符合公平正义之要求。同时也要落实就社会权利提出的行政诉讼案件中的听证程序,保障公民的陈述和申辩的权利,不属于政府负责事项的,通过听证对公民进行解释与指导。社会权利作为第二代人权,行政机关提供基本的社会经济文化服务是其法定的职责,而非政府对公民的施舍,这就要求公民社会权利在实现的基础上,行政机关同样要保障其第一代人权不受到公权力的侵犯,行政机关提供的社会救济不能侵犯公民的自由权,应当保障公民的隐私与尊严不受到侵害。

公民社会权利的实现要求行政机关按照法律规定提供最低限度的物质保障。"其'权利'属性,都不是严格意义上个人的给付请求权,而是表现为一种国家福利行为受到法治约束的状态。"①当公民个人的社会权利没有得到保护的时候,公民自身在社会中已经处于经济上的弱势地位,很难负担高额诉讼成本。"学者们普遍认为行政复议相对行政诉讼等相关制度在审查广度与深度、专业性、经济性方面具有自身比较优势。"②因此应当充分发挥行政复议的优势,保障公民社会权利。同时,公民社会权利的保障不仅依靠国家和政府,非国家行为体同样肩负着维护公民社会权利的责任。因此应当完善法律援助制度与仲裁制度,律师组织与团体应当自觉肩负起自身的责任,主动为社会权利受到侵犯的公民进行释法与普法;司法行政部门应当为弱势群体提供法律援助,切实保障其权利能得到维护;党委、人大、政协、社会群体等组织应当肩负起监督政府与社会的职责,必要时主动对行政机关提起行政诉讼,督促权力机关自觉履行职责。

行政复议制度相比较于行政诉讼等而言更具有效率优势,复议机关除可以直接做出变更决定外,还可以让原做出机关进行自身纠错,并且基于复议机关与原做出机关的关系,复议机关作出变更决定后,行政机关一般不会出现执行困难的情况,从而更加便捷高效地维护了公民的社会权利。行政复议对于申请人而言更具有经济优势,对比于行政诉讼高额的诉讼成本,《行政复议法》中明确规定行政复议机关不得向申请人收取任何费用,显著降低了公民维护社会权利的维权成本。公民社会权利需求的复杂性与多样性,也导致司法机关往往不具备专业性,而复议机关往往更加专业,而且可以调动更多的社会力量对行政机关是否未完全履行职责进行考察研究。行政复议可以通过听证、调解、和解等形式来达成一致,更能符合当事人的利益,往往既可以节约

①凌维慈,比较法视野中的八二宪法社会权条款,华东政法大学学报,2012年第 6 期。
②王莉,行政复议的比较优势及其发挥,社会科学战线,2016 年第 3 期。

成本还能对公民的基本权利进行更好的保护。

相比较于政府不积极履行职责而言,非国家行为体不履行义务,公民寻求司法救济依旧困难重重。不同于公司与员工之间的法定责任,家庭和个人、亲属之间侵犯公共权益关系等问题,虽然法律上也进行了规范,但是习惯法上仍普遍将其视作道德义务而非法律义务,并且将其诉诸法律往往会破坏原有和谐稳定的亲属关系。在这种情况下,仲裁、人民调解等社会救济方式往往发挥着更重要的作用。首先,人民调解、仲裁程序符合经济原则,公民的维权成本较低,有利于公民积极维权,有利于自己权益的实现。其次,仲裁、人民调解等救济方式有利于维护原有的社会关系,与诉讼中原被告双方的对立控诉不同,仲裁与人民调解往往是公民与社会及其成员之间的充分对话,相互之间存在妥协与让步,有利于实现后续的社会秩序的恢复。最后,在发挥仲裁与人民调解的优势时,也要重视立法的引导作用,完善仲裁与调解机制,切实发挥好党委监督、政府监督、司法监督、社会监督与舆论监督的作用,保障仲裁、人民调解能使公民的社会权利得以实现,立法机关应当着力构建以行政诉讼为中心,行政复议、仲裁、人民调解等为辅助的多元社会权利保障体系。

二、社会权利运行机制下的政府职能

我国社会目前正处于转型时期,社会主要矛盾发生了变化,在这样的背景下,我国贫富差距逐渐加大,不同阶层之间出现了逐渐固化的趋势,保障公民社会权利正是缩小不同社会阶层之间差距的手段,社会权利的普遍实现有利于阶级的整合。与只是消极要求国家不对个人生存及权益进行侵害的自由权不同,社会权利要求国家积极作为,建立相应的福利制度,并提供相应的服务,满足人们最基本的生存条件。政府作为管理者,在行使公权力的过程中,以国家和社会公共利益为导向只是属于工具理性的价值,终极目标是为广大人民群众谋取福利,处理好公共利益与私人利益的平衡,公共权力和私人权利的平衡。"因此,社会权是对国家请求为一定行为的权利(作为请求权),从而区别于以排除国家介入为目的的自由权(不作为请求权)。"①

行政机关作为国家的权力机构,应当积极发挥其职能,保障公民社会权利得以实现。我国关于社会权利的讨论起步较晚,而西方国家的福利制度在第二次世界大战后便逐步建立起来,福利国家制度中最主要的内容便是社会保险制度、社会补助制度,这些制度以及社会救济制度,对公民最基本的社会经济生活条件提供了保障。同时也可以看到,福利国家在发展中也经历了由消极福利向积极福利转变的过程,值得我国政府在履行社会保障职能时借鉴与参考。西方福利国家在 20 世界 90 年代开始逐渐削减社会福利计划,由传统的福利国家制度向积极的福利国家制度发生转变。具体体现为:(1)注重人力投资;(2)福利制度由权利型向责任型转变;(3)福利制度由机制型向补偿型转变;(4)福利改革更注重福利的多元化,具体体现为福利投入的多元化、福利责任承担者的多元化和福利目标的多元化。② 在法治新常态下,我国政府职能逐渐由经济建设转向社会保障,政府职能的转变过程中应当充分吸取西方福利国家的经验与教训。

(一)提供平等的公共服务

法治新常态下,伴随着我国经济的不断发展,政府简政放权,逐渐由"经济建设型政府"向"公共服务型政府"转变。服务型政

---

① 凌维慈,比较法视野中的八二宪法社会权条款,华东政法大学学报,2012年第 6 期。

② 参见臧秀玲,从消极福利到积极福利:西方国家对福利制度改革的新探索,社会科学,2004 年第 8 期。

府对公民社会权利的保障主要集中于两点:(1)提供社会性公共产品和公共服务,保障基本医疗卫生、公共教育等实现人的全面发展;(2)经济转轨过程中,为社会直接提供制度性的公共服务。①"我国要解决目前所面临的主要矛盾,主要取决于消除福利上的不平等。福利分层结构是形成社会阶层分化的重要原因,福利的不平等源于政治身份、社会地位以及就业状况等方面的差异。"②我国的行政机关应当吸取西方福利国家制度的经验,主动加强医疗卫生、教育、环境保护、养老等基础设施的建设,保障公民社会权利的普遍实现。行政机关应当监督与引导以医疗保险、养老保险、失业保险、工伤保险、生育保险,以及住房公积金为核心的社会保障制度的建设,确保建成囊括所有公民的公共服务体系。加快建设平等的社会权利体系和公正的社会保障制度,建立城乡一体化的普惠型公共服务体系,消除城乡之间福利上的不平等。同时,行政机关提供平等的公共服务,是指每个人都平等享有获得公共服务的机会,而非对每个人都赋予无差别的公共服务。参照西方福利国家制度在 20 世纪末所遭遇的困境,可以看出,消极的福利待遇,给予社会地位低下的人最基本的社会经济上的救济,并不能使其脱离不平等的地位,仅仅是保护他不会受到进一步的伤害,对于社会中不具备最基本的生存能力的人,行政机关应当积极为其提供社会救济,保障他的生存权,而对于因意外或为了公共利益而导致个人利益明显受损的,行政机关则应该主动提供社会补助,使其不会因从事有益于社会的事情而使自己陷入不利的境地。由此可以看出,不同的人对于社会权利的需求呈现出多样性的特征,但是每个人都希望在社会中获得平等发展的权利,这也是公民社会权利的应有之义。

①参见燕继荣,服务型政府的研究路向——近十年来国内服务型政府研究综述,学海,2009 年第 1 期。
②夏德峰,社会权利的整合功能及其局限性,社会主义研究,2012 年第 1 期。

（二）提供制度性的公共服务

制度性公共服务要求行政机关建立健全优良的法律制度环境，使行政机关有法可依、有法必依、执法必严、违法必究；公民尊法、守法、信法、用法，构建和谐的社会主义法治生态。公民最基本的社会权利可以说集中体现在衣食住行之上，政府应当对食品卫生加强监管，建立健全的食品卫生监督条例，保障公民的基本卫生安全。同样目前在我国，住房问题往往牵扯到一个地区的和谐稳定，无论是"棚户区改造""旧住宅区改造""旧厂区改造""城中村改造"，还是"违法建筑拆除"，都牵扯到多方的利益。政府主要面临的问题是新型城镇化过程中城乡土地产权与不动产产权问题。由于公民在房屋改造过程中，相对于政府的公权力而处于弱势地位，因此在拆迁过程中，为保障拆迁工作能够顺利进行，应当着力建设法治政府，落实依法行政，根据法律法规设置符合当地情况的拆迁补偿规定。对于因拆迁工作而暂时无居所的，应当建立合理的社会补助制度，保障公民不会因此而导致自身的生活水平出现明显的下降。因此，政府在履行各项职能时，应当兼顾各方利益，尤其是依照法律保障公民社会权利，同时加快法治政府的建设，建设完备的社会主义法治体系，为公民寻求法律救济提供一条绿色通道。

三、社会权利运行机制下的非国家行为体的职责

法治新常态下，政府不仅要积极履行自身职责，也应当充分发挥监督和引导功能。通过学习和借鉴西方福利国家制度，我们可以看出，消极的福利制度受制于社会经济的发展，而其自身存在缺陷，社会权利需求的差异性单单依靠政府供给是难以满足的，在这种情况下，应当充分发挥社会组织、家庭、企业等团体的

力量来实现公民社会权利。社会权利运行机制下的非国家组织在公民社会权利的实现上承担着辅助作用，与行政机关积极创造社会经济文化条件，满足公民最基本的生活需要不同，非国家行为体往往在特定领域上发挥着特定的作用。

(一)非国家行为体应自觉履行责任

我国宪法部分条文，也将非国家行为体列为了实现社会权利的主体，国家往往通过政府及其工作部门来实现其法定义务。社会则主要是指非政府组织与个人，正如对未成年人社会权利的保护很难脱离家庭，父母及其他家庭成员都负有相应的责任与义务；对劳动者社会权利的保护不能脱离企业来实现，劳动者的劳动权与休息权都需要雇佣者自觉履行自身的职责，同样企业还负有保障良好的工作条件的义务。[①] 随着时代的不断发展，公民对社会权利的需要呈现出多样化和复杂化的趋势，单纯依靠国家的力量无法满足人民日益增长的物质文化需要。并且从西方国家的福利制度可以看出，社会保障制度的发达程度与经济发展水平密切相关，超越社会发展水平的社会福利投入不利于经济的可持续发展。因此，为了避免我国社会保障制度再次步西方之后尘，宪法、法律、行政法规都对非国家行为体规定了义务，因此在法治新常态下，非国家行为体不能仅强调自身的权利，应当认识到权利与义务是对立统一的，国家保障非国家行为体的自由与发展，非国家行为体也应当切实做到遵守法律，贯彻法律的施行，协助政府保障公民社会权利得以实现，这既是道德义务也是法律义务。

---

① 参见王新生，论社会权领域的非国家行为体之义务，政治与法律，2013 年第 5 期。

(二)非国家行为体责任与政府职能的关系

非国家行为体作为社会力量,与政府同是公民社会权利的义务相对人,公民作为个体在社会中的力量是很弱小的,大多数情况下,单纯依靠公民自身的努力,其社会权利是难以现实的,更多需要依靠政府。在实现社会权利的过程中,非国家行为体同样被法律赋予了责任与义务,在保障公民第一代人权的前提下,为政府提供切实可行的帮助,保障公民的社会权利得以实现。因此,我们可以看出,非国家行为体在法定情况下负有相应的法律责任,且非国家行为体相比较于作为个体的公民来说处于相对强势的地位,具备辅助国家实现公民社会权利的可能性。非国家行为体的责任除宪法中对社会责任的要求外,往往受到根据宪法制定的相关法律的约束,例如《民法》《刑法》《合同法》《劳动法》等基本法律都详细规定了非国家行为体的责任。非国家行为体应当自觉履行责任,自觉接受监督,违背法律侵犯公民的社会权利必然会受到法律的惩罚。

同时,我们也应当认识到,大多数情况下,非国家行为体作为义务主体是辅助国家履行职能,国家不能完全将这部分责任转嫁给非国家行为体。尽管法律明确规定了部分非国家行为体负有的责任,但是完全将公民社会权利的实现寄托于家庭、企业、社会组织是不现实的,也是不合理的。西方由传统福利制度转向积极的福利制度,虽然克服了一定的传统福利制度的缺陷,表面上解决了经济发展与福利制度之间发展的平衡,但是西方将国家责任转为强调个人责任,将市场再一次作为个人获得福利的唯一途径,这与社会权的宗旨背道而驰。"社会权是作为抵抗市场力量的另外一种反向力量,对市场机制进行修正,进而形塑社会分层结构,那么,我国社会权亦理应减小市场机制的副作用。"①但现实是,在西方的积极福利制度下,社会权非但没有很好地塑造社会阶层结构,相反,不均等的社会权固化了阶层结构。这一现象值得我国进行反思。

政府除落实好社会保障功能,提供最基本的社会经济文化需求外,还应当充分发挥监督和引导职能,做好宏观调控,建立严格的奖惩机制,引导非国家行为体积极履行责任,并对非国家行为体进行监督,必要时代表公民提起公益诉讼,维护公民的社会权利。反思与借鉴西方国家福利制度,切实平衡好经济发展与社会保障之间的关系,尽快制定完善的社会救助法、社会保险法与社会补助法,保障公民最基本的物质文化生存条件,保障公民生活状态不会因意外事件而发生显著退化,发挥好社会保障制度的再分配作用,发挥公民社会权利对社会阶层的整合作用。

四、法治新常态下社会权利运行的司法救济

现代社会往往将司法视作保障人权的最后一道防线。关于社会权利是否具有可诉性,无论西方还是我国一直充满争论,大部分学者将社会权与自由权分属积极权力与消极权利,并由此推导出自由权具有可诉性而社会权不具有可诉性的结论,导致社会权大多数时候被漠视。② 社会权相比较于自由权而言,其诉求具备复杂性与多样性的特征,其要求行为的主体既包括国家也包括非国家行为体,笼统地将社会权视作不可诉的权利无疑是不科学的,正如 20 世纪前期往往将政府提供的社会保障视为国家的恩

①李文祥、吴德帅,社会权与社会阶层作用机制再探,哲学论丛,2014 年第 2 期。
②参见袁立,传承与嬗变:社会权可诉性的多重面相,中南民族大学学报(人文社会科学版),2011 年第 2 期。

赐而非公民的权利一样,简单地认为社会权利不能寻求司法救济也是错误的认识。法治新常态下,社会权利作为第二代人权,作为我国宪法中明文规定的基本权利,理应受到法律的保护,宪法作为纲领性的文件,其规定的基本权利需要通过相应的法律将其具体化来加以保护。

(一)通过诉讼保护公民社会权利

公民社会权利的实现需要国家公权力积极主动履行其社会保障职能,国家权力的行使主要依靠行政机关。由于公民权利相比较于国家权力十分弱小,当行政机关不履行或不完全履行法定职权,公民的社会权利受到侵害时,公民有权向上级行政机关申请复议与监督,督促行政机关履行职能,但是复议机关,不同于司法机关处于中立地位,可能与原做出机关存在相同的利益关系,因此司法救济往往被认为是保障公民社会权利最有效的手段,而且是公民挑战强大的公权力的最后手段。行政机关是否完全履行社会保障职能,尽管在认定上存在一定难度,但是公民的社会权利保障仍存在一个最低的限度,在最低限度以下,行政机关显然并未完全履行法定职责,公民当然可以提起司法救济。

伴随着社会保障主体的多元化,公民社会权利的实现不仅仅依赖于行政机关,同样也依靠非国家行为体。伴随着政府简政放权,向服务型政府逐渐转变,非国家行为体也获得了更多的自由和权力,政府使非国家行为体获得了活力与升级,劳资双方力量向资方发生倾斜,根据有权必有责原则,非国家行为体也应当更多地肩负起社会责任,并且宪法及相关法律都对非国家行为体所应承担的责任进行了明确的规定。协助国家实现公民的社会权利属于非国家行为体的法定职责,当非国家行为体不履行责任时,公民有权根据相关法律提起诉讼或提起仲裁,督促非国家行为体履行其职责。

（二）公益诉讼保护公民社会权利

公民的社会权利涉及公民最基本的利益，保障公民最基本的生活条件。除行政指导、行政给付等对个人的救济性的帮助外，行政机关更多地负担着对公共教育、公共医疗卫生等基础设施的建设，其针对的并不是某一个公民，而是针对整个社会公民的整体，并且依靠国家经济发展作为依托和后盾来实现。"社会权利不同于个体的自由，是必须在社会中实现的权利，因此社会权利在本质上不是占有，而是分享；不是是否拥有，而是是否实现；不仅是获得社会利益，而是对整个社会的责任。"①依据"国家代表权论"和社会权利的性质，公民个人往往具有息讼的情绪，且畏于诉讼成本，基于避免个人因此谋求个人利益，法律将涉及不可分利益的诉讼代表权赋予了国家。"只有国家才能代表这种不可分的利益，社会组织参加诉讼的代表权也是国家所委托的，因此必须有法律的授权。"②法治新常态下，国家应对公益诉讼制度加以完善。在涉及维护公民社会权利的公益诉讼中，国家代表主体行使诉权，这往往导致了国家既当原告又当被告的情形，不利于公民社会权利的司法保障。因此保障公民的社会权利应当赋予具备相关资质的社会组织代表权资格，代表公民提起公益诉讼，督促行政机关切实履行社会保障职能。这种代表资格不仅是国家及具备代表权资格的社会组织的权力，也是它们的义务与职责。因此作为具备代表权资格的国家和社会组织应当积极履行自身职责，自觉接受监督，认真听取公民的意见，保障代表主体与公民社会权利的一致性。

---

① 杨雪冬，走向社会权利导向的社会管理体制，华中师范大学学报（人文社会科学版），2010 年第 1 期。
② 参见张卫平，民事公益诉讼原则的制度化及实施研究，清华法学，2013 年第 4 期。

综上所述,社会权利运行机制下,政府为公民社会权利的保障发挥了主要的作用,社会保险制度、社会补助制度、社会救济制度为政府保障公民社会权利的实现提供了可能。非国家行为体是社会权利运行机制中必不可少的一部分,非国家行为体在社会保障制度中也发挥着越来越重要的作用,其与行政机关共同构成了以政府为主,非国家行为体为辅助的社会保障体系,降低了政府的财政支出,有效缓和了经济发展与社会权利保障之间的内在矛盾,克服了西方国家传统福利制度存在的弊病。我国社会权利的司法救济也为社会权利运行机制构筑了最后一道防线,《行政诉讼法》及相关法律为公民维护社会权利向行政机关及非国家行为体提起诉讼提供了可能,同时公益诉讼与法律援助制度的完善也为公民降低了诉讼成本。法治新常态下的社会权利运行机制依靠立法机关、司法机关、行政机关与非国家行为体相互协作,依照法律认真履行自身义务,为公民社会权利的实现奠定了坚实的基础,同时各方主体也应当自觉接受党委、人大、政协、群众的监督,形成共同保障公民社会权利的合力。

第四章

法治新常态下"三改一拆"工作中的党委、人大与政协

法治新常态下,政府权力在"三改一拆"工作中的运行,必须要掌握好与党委领导、人大监督、政治协商的关系。坚持党委领导有利于保障政府依法行政,保障公民的权利;坚持人大监督,特别是强调事前监督,有利于防止政府在行政过程中违反法定程序或者违反实体法律,侵害公民的正当权益;坚持政协参与,有利于推动政府工作的顺利进行。因此,只有在法治新常态下充分发挥党委、人大与政协的职能,才能保障"三改一拆"行动的顺利推进。

一、法治新常态下"三改一拆"工作中党的领导的法治途径与要求

党是中国特色社会主义事业的领导核心,对国家的发展方向起引领作用,对其他国家权力具有整合功能。中国共产党第十八届六中全会以"全面从严治党"为主题,并最终出台了两大重要党内法规,体现了党全面从严治党的决心。实际上,在以"全面推进依法治国"为主题的十八届四中全会上,党中央就首次将党内法规上升到法治体系重要构成的高度,把全面从严治党和依法治国相结合,视其为法治中国建设的有力保障。《中共中央关于全面推进依法治国若干重大问题的决定》指出,"党内法规既是管党治党的重要依据,也是建设社会主义法治国家的有力保障"。

此后,"依规治党"在多个场合和文件中被频繁提及。从中共中央发布的文件中可以看出,法治新常态要求实现法理型支配,政治体制中的支配者与被支配者在行使权力的过程中都要求遵

循法律至上原则,党的领导权既体现在领导立法上,同样体现在带头守法上;政府要深入推进依法行政,加快建设法治政府,因此党的领导权与政府的行政权都要在法律法规规定的范围内行使,任何人没有超越法律的特权。同样,法治新常态要求政府必须坚持在党的领导下,在法治的轨道上运用法治思维开展工作。法律赋予了政府行政权,政府的权力运行要在法律允许的范围内行使,党的领导则为政府指明了方向,同时党也要带头守法,党的领导不能超越法律,不能以言代法,以权压法,保障法律权威得以实现。在"三改一拆"工作中,政府机关自然应当遵循党的领导,全面推进依法治国,严格依法执行行政工作;政府机关内的党员自然也应当严格遵守党章国法进行"三改一拆"工作,建设社会主义法治国家。

(一)"三改一拆"工作中党的领导的相关合法性与必要性

在"三改一拆"工作中,政府必须坚持党对工作的依法、依规领导。党的领导在我国的行政工作中存在无可撼动的合法性与必要性。党的依法、依规领导问题是党与行政机关关系最核心的问题。它既关乎党自身如何领导行政机关,又关乎党如何依法、依规领导整个行政机关,内涵之意蕴直指政党与国家治理关系的核心。党依法、依规领导政府的必要性主要可以从历史维度来理解。这一历史维度至少可以分解为以下三个递进的维度:第一,革命时期,党如何依法、依规领导国家治理。第二,新中国成立前期,党如何依法、依规领导国家治理。第三,改革开放以来,党如何进行依法、依规的领导。

1.革命时期,党依法、依规领导国家治理

革命时期,党对法治作用的认识应该说处于萌芽阶段,对法制建设和法律手段进行了一些初步的探索。这一时期,党领导革命的过程本身就是一个打破反动法律束缚的过程;同时,党也探索用法律手段来推进革命的进程。在反帝反封建斗争中,党尝试运用法制手段来推动党的革命任务。比如大革命时期,党在领导工人运动的过程中,于 1922 年组织召开了第一次全国劳动大会,通过了《八小时工作制案》和《罢工援助案》等十项决议案。1922年 8 月,中国劳动组合书记部制定了《劳动法大纲》。1925 年省港大罢工中,党领导成立了省港罢工工人代表大会和省港罢工委员会,制定了《组织法》及《会议规则》等。在农民运动中,党领导的各级农民代表大会制定过没收土地法案、惩治土豪劣绅和减租减息决议案等许多法案。在革命根据地建设中,注重通过建立健全新民主主义的法律制度巩固革命政权。[1] 比如在宪法性法律方面,先后制定了《中华苏维埃共和国宪法大纲》《陕甘宁边区施政纲领》《陕甘宁边区宪法原则》等;在刑事立法方面,陆续制定了《惩治反革命条例》《惩治汉奸条例》《惩治土匪罪犯暂行办法》《破坏土地改革治罪暂行条例》等;在土地立法方面,制定了《井冈山土地法》《兴国土地法》《中华苏维埃共和国土地法》《陕甘宁边区地权条例》《中国土地法大纲》等;在劳动立法方面,1931 年制定了《中华苏维埃共和国劳动法》。[2]

2. 新中国成立前期,党依法、依规领导国家治理

党成为执政党后,对法治建设的认识经历了"重视—轻视—再重视"这样一个否定之否定的历程,新中国法治的发展也经历了曲折的历程。党在马克思主义法律思想和学说的指导下,积极探索通过革命建立法制,巩固党的执政地位和人民的政权。党在执政之初,就已经对法治的重要作用有了比较清醒的认识。马克思主义法学理论认为法律的本质是上升为国家意志的统治阶级

---

[1] 邱水平,党领导我国法治建设的历史进程及核心理念,法学杂志,2013 年第 12 期。

[2] 姜爱林、陈海秋,建国前中国共产党领导下的立法机关的发展与演变,党史研究与教学,2006 年第 4 期。

的意志,是阶级专政的工具。建国初期,我国法制的一大特点是十分强调法律的阶级性、政治性、工具性。一是在打碎旧的国家机器的过程中将国民党旧法统全部扫除。基于对法律阶级性的理解,党在掌握政权后仿效巴黎公社和十月革命的做法,将一切反动阶级的法律制度彻底废除。① 1949 年 9 月通过的《共同纲领》明确规定要"废除国民党反动政府一切压迫人民的法律、法令和司法制度,制定保护人民的法律、法令,建立人民司法制度",使其成为建国后的一项施政方针和重要任务。1952 年,党又领导了旨在"反对旧法观点和改革整个司法机关"的司法改革运动,清洗了一大批旧法人员,从政治上、组织上、思想作风上纯洁了司法队伍。二是积极探索利用法制手段为巩固和建设人民民主政权保驾护航。1950 年 4 月颁布的《婚姻法》,是新中国制定的第一部法律,后来又陆续制定了《土地改革法》《惩治反革命条例》《惩治贪污条例》《惩治土匪暂行条例》《城市治安条例》《农村治安条例》《商标注册暂行条例》《私营企业暂行条例》《保障发明权与专利权暂行条例》等。

"八大"以后,党和国家工作陷入"左"倾错误,法制建设遭遇严重挫折。党的"八大"曾经正确地提出国内主要矛盾,后来由于认识上出现了偏差,八届三中全会把当时的社会主要矛盾概括为"无产阶级和资产阶级的矛盾,社会主义道路和资本主义道路的矛盾"。党虽然已经是执政党,但在实践中却又不自觉地重新强化了革命党的思维。②

3. 改革开放以来,党依法、依规领导国家治理

十一届三中全会后,党和国家工作全面拨乱反正,社会主义

---

① 邱水平:党领导我国法治建设的历史进程及核心理念,法学杂志,2013 年第 12 期。

② 冯务中、郭玮,党的八届三中全会前后社会主要矛盾论断转变的原因分析,中国特色社会主义研究,2013 年第 3 期。

法制建设开始步入快车道。1978 年召开的十一届三中全会,开始纠正"文化大革命"中及其以前的"左"倾错误,在党的正确领导下,法制建设开始实现快速发展。《宪法》《刑法》《民法通则》《刑事诉讼法》《民事诉讼法》《行政诉讼法》等一大批法律制定出来。

在经济体制和全面建设小康社会的新阶段,法制建设迎来大发展、大繁荣。1996 年,江泽民同志指出:"依法治国是党领导人民治理国家的基本方略,是发展社会主义市场经济的客观需要。"依法治国基本方略的提出,标志着我们党执政理念、执政方式的重大突破,是社会主义民主法治建设新的里程碑。1997 年,"建设社会主义法治国家"写入党的"十五大"报告。1999 年《宪法》修正案增加了"中华人民共和国实行依法治国,建设社会主义法治国家"的内容。党的"十六大"进一步提出把坚持党的领导、人民当家做主和依法治国有机统一起来。这是我们社会主义民主法治建设的根本内容,是党在深刻总结半个多世纪以来的执政经验和法制建设经验基础上作出的战略性论断,科学地解决了共产党执政的基本方式问题。① 后来提出的社会主义法治理念,即依法治国、执法为民、公平正义、服务大局、党的领导,都是围绕的这个核心。

我国法制建设走向繁荣,最显著的成果就是形成了社会主义法律体系。2011 年 1 月,全国人大常委会委员长吴邦国宣布,中国特色社会主义法律体系已经形成,国家经济建设、政治建设、文化建设、社会建设,以及生态文明建设的各个方面实现了有法可依。

"十八大"后,党对法治的认识提升到了一个新的高度,法治建设朝着更高水平迈进,党的"十八大"报告凝聚了很多新的科学

①人民网,新中国 60 年法治建设的探索与发展,http://theory.people.com.cn/GB/41038/9665280.html,2009 年。

理论成果,其中明确提出要全面推进依法治国,加快建设社会主义法治国家。"十八大"以后,习近平总书记多次就法制建设发表重要讲话、作出重要批示。从革命时代根据地建设到新中国建立后的社会主义建设时期,从计划经济到市场经济,党始终坚持了对政法工作的领导,并通过总结经验、吸取教训,不断厘清、纠正各种模糊认识和错误观念,从内容、方式方法上加强和改进党对政法工作的领导,使党领导政法工作的根本原则得以不断地贯彻落实。

党对"三改一拆"行动领导的合法性,则主要体现在党在我国宪法中的法律地位和党在新时代的法治转型上。从法律地位上看,宪法作为国家根本大法确定了党的领导地位,我国《宪法》序言指出:"中国各族人民将继续在中国共产党领导下,坚持人民民主专政,坚持社会主义道路,坚持改革开放,不断完善社会主义的各项制度,发展社会主义市场经济,发展社会主义民主,健全社会主义法制。"这就表明党的领导是宪法确定的,各项工作都必须接受和坚持党的领导,行政司法工作自然也不例外。

在社会转型的压力下,党的法治转型问题及其思路逐步在党内获得正式回应与表达。2013年5月,中共中央通过了两部具有"党内立法法"之称的重要文件:《中国共产党党内法规制定条例》和《中国共产党党内法规与规范性文件备案规定》。"党内立法法"分别从"立法"和"审查"的角度对党内规范体系予以法治化编码,在原理与制度设计上对2000年《立法法》多有取法。2013年11月底,中共中央发布了《中央党内法规制定工作五年规划纲要(2013—2017年)》,党内立法有正式走上规范化、程序化、制度化之势,作为法治国家重要组成部分的"依法治党"开始从理念与原则层面进入系统化的制度实践层面。[1]"党内立法法"明确标举

---

[1] 田飞龙,法治国家进程中的政党法制,法学论坛,2015年第3期。

党内立法"与宪法法律相一致",在规范意义上确立了宪法法律在治国理政中的权威性。尽管"依法治党"之实际成效以及与国法体系的繁复整合还有待观察与评估,但是将党的权力全面纳入法治原理与规范的理性轨道无疑是进步的,值得期待的。现代政治是政党政治,需要通过政党作为制度中介来组织国家权力,来推动国家的立法。但是政党在组织国家方面,存在结构功能上的差异。从现代政治历史来看,根据在组织国家方面的具体角色和作用强度,政党大体可以分为两类。一类是议会型政党,以西方国家的政党为代表,主要功能是组织选举和在议会内进行党团竞争。这类政党在职能上相对简单,不属于国家组织,所以党内制度建设的需求也比较低。另一类是国家型政党,在社会主义国家比较常见。社会主义国家的执政党,不仅负有领导该国人民进行民主和社会主义革命的任务,还负有革命成功之后领导政治决策和推进国家社会建构的任务。这样的组织和职能与国家职能又具有较高的对应性,这就要求这种类型的政党在制度建设上追求体系化以及与法治体系的对应性,其制度建设需求较为突出。①在这一前提下,中国共产党对"三改一拆"工作的指引自然具有无可置疑的合理性与合法性。

(二)"三改一拆"工作中党的领导的制度保证:党内法治

在法治新常态下,法治的引领、规范、护航工作,为全面深化"三改一拆"提供了可靠保障。在这一情况下,党自然要担负起领导责任。2015 年以来,习近平总书记在科学分析国内外经济发展形势的基础上,用"新常态"来概括当前和未来一段时期中国经济发展的阶段性特征。目前,这一重大战略判断已经成为全社会

---

①王贵秀,从革命党到执政党——中国共产党政治成长中的地位转变与角色转换,中共中央党校学报,2008 年第 4 期。

共识,这一社会共识要求:完备的法律规范体系、高效的法治实施体系、有力的法治保障体系、严格的法治监督体系、完善的党内法规体系五位一体;全面依法治国与全面深化改革、全面从严治党、全面建成小康社会相辅相成。因此,以从严治党,依规治党为体现的党内法治是新常态下党的优化路线。为全面建成小康社会,浙江省"三改一拆"工作是重要的民生工程,为更好地领导包括"三改一拆"工作在内的各类工作,党内法治在法治新常态下也应提上日程。

党内法治是一个综合概念,是管党治党活动中对现代法治的价值、原则、机理的深度延伸与自觉运用,体现出理念、样式、形态等方面的多维演进与综合提升,贯穿于党的领导和执政行为的全过程,涵盖党的内部活动和外部活动的全领域。概言之,党内法治就是指以党章和宪法为总规范,依据党内法规和国家法律对党组织和党员个体行为进行全面规制的治理形态,核心内容是对党员权利的保障和对党权的制约。[①] 具体就"三改一拆"过程而言,可以围绕"三改一拆"中党内法治的理念、依据、主体、客体、目标、党内法治和国家法律的关系等基本要素加以理解。

党的十八届四中全会决定明确把党内法规体系和国家法律规范体系一并纳入中国特色社会主义法治体系之中,这是对党内法治实施依据的明确标注。[②] 在此意义上讲,党内法治的实施依据,既不是现行党内制度体系的全部,也不是党内法规体系和国家法律体系的简单叠加,而是二者之间形成的相互衔接、相互协调、相互补充的规范体系。需要强调说明的是,确立党内法治的概念范畴之后,以维护"法"的概念专属性、独立性为名,对"党法"

---

①邹庆国,党内法治:管党治党的形态演进与重构,山东社会科学,2016 年第 6 期。

②肖金明、冯晓畅,新时代以来党内法规研究回顾与展望——以 2012—2018 年 CNKI 核心期刊文献为分析对象,人民法治,2018 年 12 月号。

的学科归属问题进行争议,已经没有多大的实际意义。我们应当摆脱传统理解和惯性思维的束缚,在政党学、法理学的交叉研究视野中消弥话语表述的分歧,达成对"党内法规"称之为"法"的理论共识,为党内法治的实施依据提供认知前提。笔者从主体、客体、理念三个方面,对"三改一拆"的党内法治做出了阐释。①

党内法治的主体,关涉党内主体、国家主体和社会主体三个方面。就党内主体而言,根本治理主体是全体党员;直接治理主体是制度化的组织机构,包括党的各级代表大会、委员会、纪律检查委员会,以及党内各职能部门;具体治理主体是承载组织角色与职能的党的领导干部。国家主体主要包括国家权力机关和司法机关,前者在参与审查党内立法、监督依法执政活动等方面的作用是不言而喻的,后者在党内违纪违法案件的前期调查、程序接转等方面发挥着不可替代的功能。党内治理是国家治理的重要内容,各类社会组织及公民个体作为国家治理主体中的重要依托力量,通过民意表达、决策参与、行为监督等方式,理应成为党内法治的重要主体。在"三改一拆"政策执行中,不少党政机关通过党政信箱、新闻媒体等方式,广开言路,较好地促进了党内治理,同时兼顾了党外意见的收容,使民意表达、决策参与、行为监督发挥了广泛的作用。

党内法治的客体,涉及党内事务的依法治理,以及领导—执政活动全过程、全领域的依法治理两个方面。党内事务主要包括思想工作、组织工作、宣传工作、群众工作、作风管理工作、纪检工作、统一战线工作、党际交往工作等内容;党的领导—执政活动,涵盖国家经济、政治、文化、国防军队、外交等各个领域,触角延伸到社会治理的方方面面。

———————

①邹庆国,党内法治:管党治党的形态演进与重构,山东社会科学,2016 年第 6 期。

党内法治的理念,主要是在"三改一拆"过程中牢固确立至上理念、平等理念、党员主体理念和权力制衡理念。所谓至上理念,是指在"三改一拆"过程中,党员同志要树立党章宪法、党规国法的至上性权威,摒弃法治虚无主义和法治工具主义观念,使一切组织和个人的意志都要在宪法法律意志之下。所谓平等理念,就是坚持党规国法面前人人平等,关键在于清除特权思维和特权行为,党的一切活动要严格限定在宪法和法律的规制范围之内,①绝不允许任何人以任何借口、任何形式以言代法、以权压法、徇私枉法。在"三改一拆"过程中,诸暨市检察院党组叶建平副书记一再强调:要加强查办执法司法领域徇私枉法、滥用职权等犯罪,探索建立职务犯罪预防信息共享平台,自觉接受社会各界监督。所谓党员主体理念,是指以党员权利的完整行使与切实保障作为党内法治的逻辑起点与实践基础,确立党员在党内法规制定、执行、监督等环节中的主体地位;具体到"三改一拆"中,这要求党员同志发挥主体作用,在党的组织领导下执行、监督"三改一拆",制定"三改一拆"的党内行动方案。如嘉兴市的党员在嘉兴市纪检检察系统的引领下,通过制定办法、下发通知、发出倡议等多种手段制定、执行"三改一拆"方案,并对工作推进不力的镇村领导进行面对面约谈,对未能以身作则的党员干部进行点对点问责等等。权力制衡理念,是指以形成对党权(领导权和执政权)有效制衡的结构性力量作为党内法治的先决条件,核心在于改变党内和国家政治生活中权力过分集中的状态。从党内法治的依据来说,主要包括党内法规体系和国家法律规范体系两个方面。具体到"三改一拆"中,如浙江杭州充分利用各类媒体,不断加大对"三改一拆"工作的宣传,营造全民参与、全民监督的民主氛围,巩固"三改一

---

①邹庆国、孙婕好,党的领导与依法治国:政治认同、实践路向与制度构建,中共杭州市委党校学报,2015年第3期。

拆"成果,推进了城市的建设。

(三)"三改一拆"工作中党的领导的具体行使方式:党内工作

"三改一拆"工作涉及大量民生问题,影响深远。为完成"三改一拆"工作的部署,各级党组织应当在工作计划、工作执行与后续处理中,按照党的精神与程序进行科学的党内决策,以保障"三改一拆"工作的顺利进行。在"三改一拆"中,党内工作的法治化、民主化与制度化是法治新常态要求的,也是党对"三改一拆"政策的领导方式。党内工作法治化是党依法执政在决策领域的具体应用和体现。[①] 党内工作法治化的基本要求是实现党内工作的科学化、民主化和制度化。

其中,科学化、民主化是党内工作的实质性内容,制度化是形式性内容。党内工作科学化,首先意味着信息要对称,真实、准确、充分、及时的信息是进行科学决策的前提。离开这些信息,科学工作就成了空谈。这就要求决策者要注重调查研究,在实事求是的调查研究基础上作决策。决策科学化,还意味着决策要尊重科学规律。党委作出的决策,要尊重和符合自然规律、经济社会发展规律、人类行为规律。过度夸大人的主观能动性盲目决策,往往会带来损失。这方面的经验教训有很多。决策科学化,还意味着决策者要理性、慎思。决策者要控制自己的激情、偏见,绝对不能感情用事。决策者要充分地权衡利弊,对各决策方案的优缺点进行谨慎判断,均衡考虑决策的长远目标和眼前利益。决策者还要善于协调不同群体、利益集团的利益纠葛。[②] 在这点上,宁波的"三改一拆"工作会议提供了一个良好样本。在"三改一拆"会议上,党员干部率先做出法治表率。会上宣布,实施"三改一

---

① 陇西党建,推进党委决策法治化,http://www.longxidj.gov.cn/showxw.
　asp?id=8225,2015年。
② 李江发、鞠成伟,论党委决策法制化,学术交流,2015年第6期。

拆",要用铁的纪律来保证。党员干部要带头拆除违法建筑,不准拖"三改一拆"后腿;带头支持"三改一拆",不准做不利于工作推进的事;带头做好亲戚朋友工作,不准为违建户说情、打招呼。对拒绝拆除违法建筑甚至为违法者充当"保护伞"的党员干部,一经查实要严肃处理。在整个拆除违法建筑行动中,党员干部涉及违法违规的实行责任追究。根据情节,轻则组织约谈、通报批评,重则纪律处分、交由组织处理。

党内工作民主化。民主化,一方面要求领导体制更民主,要设计更科学合理的制度贯彻落实民主集中制、扩大党内民主,建立权力下放、分层决策的民主决策体制,对主要领导的决策权进行监督制约。另一方面,要理顺决策权力结构,减少不当干预,充分发挥政府、企业、社会的积极性,充分实行公众参与。长期以来,我们习惯于把党内工作视为"党内之事""闭门之事",很少向社会公开,更很少让公众参与。未来,必须转变观念,重视党内工作的公众参与问题。实现党委开门决策、透明决策,让利益相关群体和个人能实现实质参与,让各种不同意见和利益得到充分和客观的表达,让决策在宽松、自由和畅所欲言的民主氛围中进行,从而使决策过程畅通、规范、透明和趋向完善。在这点上,嘉兴市"三改一拆"提供了良好的样本。嘉兴市实行"党群合力"纵深推进"三改一拆",获得了群众的好评。曹桥街道石龙村,党员"联户走访"制度成为了当地开展"三改一拆"工作的强大助力。由于辖区内新居民较多,房前屋后违章搭建一直是石龙村推进"三改一拆"、环境综合整治工作中面临的难题。从 2015 年下半年开始,村内 92 名党员干部就进入了忙碌状态,他们分区分片联系村内违建户,做好其拆除前的思想工作。该村第一先锋站站长钟大宝回忆说,虽然说服的过程很艰难,但大部分违建户还是给予了理解与配合。石龙村西侧一违章搭建的仓库已有 3 年多时间,听说要拆房子,主人百般推诿。钟大宝吃了多次"闭门羹",但任务必须完成,唯一的办法就是继续耐心劝导。一次又一次不放弃地沟通解释,户主终于被说动了。在 2016 年 5 月,户主主动腾空了房屋并配合完成了拆除。无独有偶,嘉兴市石龙村"三改一拆"成绩的取得,离不开党员干部"联户走访"制度。村党总支书记施夏明说,依托"网格＋先锋站＋党员"工作形式和党员联户走访制度,村内广大党员干部在拆违控违工作中发挥了战斗堡垒作用和先锋模范作用。

党内工作制度化。决策制度化,首先要坚持法律至上的原则。决策制度化既要有国法之威,也要有党纪之严。要正确处理好党纪与国法的关系,做好二者的衔接和协调。法律的权威决定了党纪可以严于法律,但是不能违背法律。决策不能突破法律的框架。其次,要坚持权力制约原则。决策制度化排斥决策权力的随意性和独断性,强调法有职责不可卸、法有程序不可绕、法无授权不可为。再次,决策制度化要坚持程序刚性原则。决策制度化不仅要讲求决策的实质后果,还要讲求依程序行使决策权力。最后,决策制度化要坚持有责必究原则。决策制度化要强化责任追究,不能让制度成为"纸老虎""稻草人",要牢固树立有权力就有责任、有权利就有义务的观念,让一切违反制度规范的决策行为都得到追究。① 台州温岭市对"三改一拆"中党员行为制度化做出了表率。温岭市纪检委颁布了关于严明党员干部在全市"三改一拆"三年行动中纪律的通知,对党员的纪律作出了制度化要求。温岭市纪检委要求,广大党员干部要模范遵守《中华人民共和国土地管理法》《中华人民共和国城乡规划法》等法律、法规,带头拆除违法建筑,带头做好亲戚朋友工作,带头执行"三改一拆"三年行动有关规定。如有违反纪律的,将视情节轻重,依据《中国共产党纪律处分条例》等有关规定,予以组织处理和党政纪处分,涉嫌

---

① 李江发、鞠成伟,论党委决策法制化,学术交流,2015 年第 6 期。

犯罪的,移送司法机关处理。如在规定期限内拆除到位的,可以依照规定从轻、减轻或免予处分。参与"三改一拆"行动的工作人员应认真履行职责,如有失职、渎职行为的要严肃追究责任。各级党组织要加强监督检查,严肃纪律,对"三改一拆"三年行动中的违纪行为发现一起、查处一起,为专项行动提供纪律保证。

在党内工作中,依然存在某些不和谐因素。如宁波市大榭规划局未注意"三改一拆"的工作方式方法,对正常土地建筑做出误判,最终被宁波市北仑区法院判决违法(〔2014〕甬仑行初字第38号)。因此,在"三改一拆"工作中,党依然要完善领导功能,以避免此类状况的发生。研究者认为,以下建议能起到良好的效果:

其一,加快制定相关法律法规,为党内工作提供依据。党的领导的重要方式之一应当是发布以"意见"为载体的柔性规范性文件,指导人大、政府、政协、纪委监察委和两院的工作,或者发布以"决定""决议"为载体的刚性规范性文件,由人大、政府、政协、纪委监察委和两院贯彻执行。长期以来,中共浙江省委员会较少独立发布以上两类规范性文件,主要采取了与被领导机构联合发布规范性文件的方式,而且,在该方式中,主要是与省政府联合发布规范性文件。如在法治方面,2018年3月15日,为贯彻落实党中央关于全面依法治国的部署要求,全面深化法治浙江建设,推动党政主要负责人切实履行推进法治建设第一责任人职责,根据中央办公厅、国务院办公厅《党政主要负责人履行推进法治建设第一责任人职责规定》精神,结合浙江省实际,浙江省委办公厅、省政府办公厅颁布实施了《浙江省党政主要负责人履行推进法治建设第一责任人职责实施办法》。在政治协商方面,除连续多年发布中共浙江省委、浙江省人民政府、政协浙江省委员会协商工作计划外,浙江省委与人大、政协、纪委和两院联合发文很少。近年来,中央进一步提出要推进依法执政,党的十八届四中全会还专门对此进行了部署。这些都表明了党与法律虚无主义彻底切割、依靠法治来开创社会主义事业的新局面的坚定决心。这既是世界社会主义运动史上的第一次,也是我们党脱胎换骨式的自我革命,体现了党独特的自我调适与革新能力。未来,党要研究制定《党委重大决策程序条例》等相关法律法规,从法律上规范党内工作权。一方面"承认""赋权",使党内工作权法律化、明确化;另一方面"规范""制约",对党内工作权进行控制和约束。这样就可以把党内工作权和行政决策权放在同一套法律体系中,使党委领导权从传统的无法可依状态,进入依法行使状态。党内工作立法,核心是把党内工作的权限、范围、途径、方法和程序等用法律的形式体现出来,实现制度化和规范化。其中,关键的任务是科学界定党内工作权,实现党委、政府决策权力配置的最优化,最终形成一套党内工作权与政府决策权高效协同的公共决策权力体系。① 我们要在深入透彻研究社会主义政党领导权的基础上,科学厘定党内工作权的职能,使党的决策权与政府决策权形成一种既相互约束又相互协调的法律关系。具体而言,要重点明晰党委以下决策权力:确定国家大政方针;建议对宪法和法律进行立、改、废;推荐和任命各级重要领导干部;对国家和地方重大事项决策等等。除了国家法律法规之外,还要加强与党内工作有关的党内法规制定工作,为党内工作提供配套的决策依据。

就浙江省内来讲,笔者建议,中共浙江省委员会应当更加明确领导职责,完善工作机制,确立中共浙江省委员会独立发布规范性文件和联合发布规范性文件的范围,尤其是减少联合发文,同时避免以省委办公厅发布规范性文件代替省委发布规范性文件。另外,中共浙江省委员会的规范性文件主要由省委办公厅法制处进行合法性审查,笔者认为,应当建立更加独立的合法性审

---

①鞠成伟,加强和改进党对法治工作的领导,中国党政干部论坛,2014 年第 12 期。

查机构,进一步提高合法性审查的效率和水平。

其二,建立健全决策体制,为党内工作提供程序支持。党内工作立法的重点是建立健全决策体制,从决策结构、决策方式和决策机制三方面着手,规范决策程序。调整党内工作方式,主要涉及坚持党的领导与党内工作横向权力的调整。

坚持党的领导是我们国家决策体制的核心,是国家不断发展进步的关键。党的十九大对"党的领导"的地位、原则、要求等作出了具有新时代特点的全新阐释,明确指出"坚持党对一切工作的领导。党政军民学,东西南北中,党是领导一切的",这些重要原则和论断对于推进新时代浙江省经济社会发展、建设"法治浙江"具有指引作用。车俊书记就曾经指出:"把党的领导核心作用全面落实下去,聚焦提升组织力建强基层战斗堡垒,用抓落实的实际成效检验党的建设质量,不断增强党的政治领导力、思想引领力、群众组织力、社会号召力。"为切实保证中共浙江省委会总揽全局、协调各方,在全省发挥领导核心作用,根据《关于新形势下党内政治生活的若干准则》的规定,省人大常委会、省政府、市政协、省纪律检查委员会和省监察委员会、省高级人民法院、省人民检察院都必须严格执行"重大问题"向省委请示报告制度。目前,除了省政府在行使政府管理职能过程中的"重大问题"可依法依规加以界定之外,省人大常委会、省政府、省政协、省纪律检查委员会和省监察委员会、省高级人民法院、省人民检察院行使职权过程中的"重大问题"的范围都是按照惯例酌定,边界模糊,需要明确界定,同时,要以中共浙江省委规范性文件的形式,明确请示报告的程序。

我们也不应当忽视党内工作权存在过度横向集中的问题。行政、经济、文化组织和群众团体的权力过分集中于党委,党委的权力集中于几个班子成员,班子成员的权力集中于第一书记。要借助党内工作立法完善党委内部决策规则,加强对决策者尤其是党委"一把手"权力的制约。要设计科学、合理、细化的制度,落实党的集体领导和个人分工负责相结合的制度。① 集体领导是党的领导的最高原则,是实行正确领导的可靠保证。各级党委对重大问题的决策必须集体讨论决定,按照分工负责制搞好贯彻落实。必须严格执行少数服从多数的原则,防止和反对个人或少数人说了算。

由于党的领导是贯穿于实际工作的各个环节的,因此,应当坚持和贯彻民主集中制原则,完善党委全会、常委会、党组会议的工作机制,实现各级组织的全覆盖,打造政治坚定、实干善成、一心为民、团结奋进、清正廉洁的坚强领导核心。2019 年 3 月 1 日,浙江省委全面依法治省委员会,召开第一次会议,深入贯彻习近平总书记全面依法治国新理念、新思想、新战略,研究部署当前及今后一个时期法治浙江建设主要任务。车俊强调,深化法治浙江建设,要做到"四个更好结合"。其中第一条就是"把提高政治站位与增强法治意识更好地结合起来。把旗帜鲜明讲政治摆在头等重要位置,加强党对法治浙江建设的统一领导和统筹协调,以高度的政治自信坚定不移走中国特色社会主义法治道路,把坚定做到'两个维护'落实到法治浙江建设的全过程各方面"。鉴于党政主要负责人的重要职责,要建立相应的工作机制,确保党政主要负责人切实履行依法治国组织者、推动者和实践者的责任,贯彻落实党中央关于法治建设的重大决策部署,统筹推进本地区内的法治进程,自觉运用法治思维和法治方法深化改革、推动发展、化解矛盾、维护稳定,对法治建设重要工作亲自部署、重大问题亲自过问、重点环节亲自协调、重要任务亲自督办,把浙江省各项工作纳入法治化轨道。

---

① 李江发、鞠成伟,论党委决策法制化,学术交流,2015 年第 6 期。

二、法治新常态下"三改一拆"工作中的人大监督工作

人大与政府的关系最主要体现在制约与监督上,二者是监督与被监督的关系。受传统文化、政治和经济的影响,我国政府的行政权影响十分广泛,正因如此,由其产生的问题也较多。正如《决定》中所指出的:"有法不依、执法不严、违法不究现象比较严重,执法体制权责脱节、多头执法、选择性执法现象仍然存在,执法司法不规范、不严格、不透明、不文明现象较为突出,群众对执法司法不公和腐败问题反映强烈;部分社会成员尊法信法守法用法、依法维权意识不强,一些国家工作人员特别是领导干部依法办事观念不强、能力不足,知法犯法、以言代法、以权压法、徇私枉法现象依然存在。"①在过去,人大对于政府的监督是柔性的,人民代表大会没有执行机关,完善人大对政府权力的监督是建设法治国家,推进依法行政的题中应有之义。

作为我国的根本政治制度,人民代表大会制度是我国人民当家作主的根本途径和最高实现形式,是中国共产党在国家政权中充分发扬民主、贯彻群众路线的最好实现形式,是坚持党的领导、人民当家作主、依法治国有机统一的重要制度载体。因此,在法治新常态之下,"三改一拆"工作应当受人大监督,最终对人大负责。人民代表大会制度应当发挥自身的优越性。对"三改一拆"工作进行监督。

(一)"三改一拆"工作中人大监督的合法性与必要性

法治新常态下我们要理顺国家权力机关与政府的关系,政府

---

① 关于全面推进依法治国若干重大问题的决定,新华社,2014 年 10 月 28 日。

由人大产生,也对人大负责。法治新常态下为避免执政体制权责脱节、多头执法、选择性执法现象的出现,首先要求政府在行使权力的过程中自觉遵守法律的规定,自觉接受人大的监督,保障自身行政立法权与上位法的协调,保障行使权力符合自身的法定职权,同样也要对人大的监督权进行完善,切实保障人大的监督权实现有法可依,有法必依,执法必严,违法必究,避免《宪法》中赋予人民代表大会及其常务委员会的监督权流于形式。

　　人大的监督主要体现于立法监督,同样要求政府要在人大闭会期间,向人大常委会"负责并报告工作",具体体现于《宪法》条文中,《宪法》第三章《国家机构》第六十二条第五、九、十款,第六十三条第二款,及第六十七条第二、五、六、七、九款,人大对政府首长的任免权体现了对政府权力的制约,对工作报告的审查权则体现了人大对政府权力的监督权,对政府的行政法规、决定和命令的撤销权则有助于规避行政立法过程中的部门化倾向,避免权责脱节、多头执法、选择性执法现象的出现。正如林彦教授所言:"作为身兼立法者与监督者的人大,其组织地位高于政府,人大对于政府的监督不应和行政诉讼一样仅停留在对某个行为、某个个案的检视,而是从根本上追问和检讨为什么某一部法律无法得到实施并在此基础上探究完善实施机制的途径。"①人大的监督权体现在宏观层面,是对整个政府权力的制衡与监督,完善人大的监督制度有利于限制政府行政权力的天然扩张性,同时我们也应该认识到人大的监督仍然存在许多的不足之处,最突出的表现就是人大监督的刚性缺失,人大只有建议权而无执行机关。因此何深思教授提出:"对人大的监督进行刚性植入的制度设计,即确权于民,确保选民对候选人的生成具有决定权;程序保障,确保选举

————————

①林彦,全国人大常委会如何监督依法行政?——以执法检查为对象的考察,法学家,2015 年第 2 期。

完成后,代表仍然将维护选民的权利作为自己的职责;最后要保障运行的公开性,保障监督活动的持续刚性。"①

人大对"三改一拆"工作的监督有着明确的合法性。我国《宪法》明确规定:地方各级人大及其常委会在本行政区域内,保证宪法、法律、行政法规的遵守和执行;地方各级政府、法院和检察院的有关组成人员由同级人大及其常委会选举和任免,并受其监督;地方人大常委会对同级"一府两院"负有法律监督和工作监督的职责;县级以上地方各级人大常委会,受理组织和个人对"一府两院"及其工作人员的申诉、控告和检举。尽管《宪法》同时规定,法院、检察院依法独立行使职权,不受行政机关、社会组织和个人的干涉,但这并不意味着可以取消同级人大对它们的合法监督。地方各级人大与同级"一府两院"的关系,从法律上说是立法与执法、监督与被监督的关系。在此处,人大的监督,不仅不会影响它们合法行使职权,恰恰相反,是保证和促使它们正确行使职权的有力支持。在"三改一拆"工作中,人大的合法监督不只是事后监督和总体监督,更涉及具体问题的具体监督,"不要等问题成了堆,闹出了许多乱子,然后才去解决,领导一定要走在运动的前面,不要落在它的后面"。毛泽东同志在30多年前讲的这段话,对今天地方人大在"三改一拆"问题上行使监督权仍然具备积极的指导意义。监督并非只是解决矛盾的一种手段,更是预防矛盾的手段。监督应当积极主动地进行,而不应当消极被动地进行。监督从词源上解释,包括监视和督促这两层意思,这说明监督不能只是在事后进行,还有包括在事中和事先。

地方各级人大对地方政府的"三改一拆"行为进行定期或不定期的视察、调查和检查,既可以对它们的工作起到促进作用,又

①何深思,人大监督刚性的天然缺失与有效植入,中国特色社会主义研究,2013年第1期。

可以使人大在讨论、审议和决定问题时有更大的发言权。地方人大对"三改一拆"的执法情况进行评议及受理组织和个人的申诉、控告和检举,既可以及时纠正它们的违法行为,以维护组织和个人的合法权益,同时,还可以起到督促有错误的机关和工作人员改正错误和预防以后再犯错误的作用。① 人大监督对"三改一拆"工作有着的必要性。首先,人大制度是中国共产党领导人民建立起来的。人大制度所奉行的党的领导原则,就说明了执政党与人大的关系是影响人大制度的重要变量。特别是,中国共产党是一个不断追求自我更新和自我发展的政党,是一个不断追求先进性的政党。正是这一特点,才使得执政党的发展战略成为影响人大制度的重要变量。例如,中国共产党提出的建立法治国家的战略,就为人大立法权和监督权的强化提供了重要动力。因此,若党存在对"三改一拆"工作的必要性,那么人大应当在党的领导下,对"三改一拆"工作进行相关监督。

其次,人大与政府的关系并不是像法律文本中规定的那么简单明了。随着中国现代化程度的提高,政府的角色也在发生静悄悄的转型,因为与计划经济体系相适应的政府管理模式,在市场经济和社会分化与转型时代已经难以延续下去了。可以说,目前中国各级政府由于其职能的高度复合,使其处于经济发展和社会管理的前沿地带。譬如,政府既是经济发展的推动者,有时又作为经济主体直接介入到市场体系之中。与此同时,政府既是公共服务的提供者,又是各种社会矛盾的化解者。随着中国现代化建设的不断推进,政府处在推动经济发展、提供公共服务、维系社会管理的前沿阵地。各种社会问题和社会矛盾最后都归并到政府,解决问题的办法也由政府提出。这样,政府承担着史无前例的压力。正是在这一背景下,构建法治政府、责任政府和服务政府的

① 王凡,浅议地方人大的个案监督,现代法学,1998 年第 1 期。

现代需求使人大与政府的关系呈现出崭新的一面。一方面,政府试图依靠人大提供的法律资源将公共管理纳入到理性化的轨道上来;另一方面,人大也试图通过法律监督促使政府实现从全能政府向有限政府的转变。面对各种压力,政府从内部逐渐释放出获取理性化的公共管理资源的需求,特别是对法律资源的需求,已经成为政府应对社会群体事件和各种矛盾的一道防线。法治政府的构建似乎不是来自人大的推动,而是来自社会的压力和传统管理手段的失效。也正是在政府与社会的互动中,政府渴望作为制度生成者的人大及其常委会,能够为法治政府的建立提供最权威性的保障。因为法治政府既有规范政府的一面,也有巩固政府公共权威的一面,既有约束政府的一面,也有约束社会的一面。人大与政府的分工与合作,在目前社会转型期呈现出一些崭新的特征。在"三改一拆"工作中,没有人大监督,政府的公共权威难以维持,政府的行为规范同样难以保持。长此以往,将会对"三改一拆"工作造成不良影响。因此,在法治新常态下,人大应当更为高效地监督政府。

再次,中国改革开放最为重要的成果之一就是社会主义市场经济体系的确立。当中国经济突破了计划经济形态的束缚之后,经济成分的多元化、经济主体的多元化、经济管理体制的多样化已经成为不争的事实。中国社会主义市场经济的发展是需要法律保障的,因为市场经济乃是遵循法治的经济。在 1979 年,时任全国人大委员长的叶剑英就已经提出:"经济建设发展了,就非常有必要建立起不同的法律体系来管经济事务。"后来,八届全国人大常委会将加快经济立法作为第一位的任务,目标是在本届内大体形成社会主义市场经济的法律框架。时至今日,人大制度在经济发展过程中的作用已经不容否定。全国人大的经济立法已经成为构建法治、公平、正义的经济竞争环境的重要动力。

最后,社会的发展,则为人大立法权和监督权的强化提供了直接动力。当中国社会突破了原有体制的束缚,在世俗化的轨道上发生分化和转型的时候,社会对国家治理的新要求也随之产生。一个明显的例证就是以产权为基础的社会安排以及以新型组织为纽带的新社会结构,都要求中国的公共管理体系必须吸纳新型的社会要素,而且新型的社会力量试图借助人大这一制度平台,来表达自己的政治诉求。人大制度所具有的将国家和人民连为一体的制度设计及其所包含的人民当家做主原则,客观上也为中国社会主义民主政治的发展提供了可行的现实基础。[①] 具体到"三改一拆"工作中,行政管理相对人的需求、社会团体的需求乃至特殊人群的需求,均需要人大通过监督机制与政府形成互通渠道。

(二)"三改一拆"工作中人大监督的具体原则

宪法和法律赋予地方人大对同级"一府两院"行使监督权的目的就是为了保证它们正确行使权力,以维护人民的利益。即使偏差和失误在已经出现之后再去纠正,但毕竟已经给人民造成了一定的损失。当然,通过事后监督,坚决纠正已经出现的偏差和错误也是必要的,然而,能够做到"防患于未然",使不利的后果在出现之前就得以防止,应该说是最理想的状态,"防重于治"的原则,对地方人大的监督工作也是适用的。事实上我国宪法和法律在一些方面也明确规定了事先、事中监督的内容,如立法监督。事先、事中监督,可以弥补事后监督的不足,使监督工作全方位地进行,必能使人大的监督权更好地落到实处。[②] 改革开放以来,全国人大及其常委会对个案监督等监督方式进行了尝试,并力图建立法律支撑体系。在进行监督时,必须明确其监督的主体、客

[①]董振华,中国道路:扎根本土的民主政治最可靠,红旗文稿,2016 年第 15 期。

[②]王凡,浅议地方人大的个案监督,现代法学,1998 年第 1 期。

体,以及监督的范围;还要明确个案监督与司法独立和司法监督的关系。① 在此基础上,应当鼓励各地对"三改一拆"工作进行监督。在"三改一拆"政策出台执行的事前、事中、事后,人大均应当履行自身的职能。为更好地履行职能,在监督过程中,人大应当坚持以下几项原则:

1. 坚持实事求是,吸取群众意见的原则

在监督时,一定要实事求是,重现实状况,重调查研究,切忌粗枝大叶,感情用事,主观武断。同时,要严格按照宪法和法律的有关规定和程序来进行,从群众中吸取经验,保证监督工作的合法性与准确性。凡是人大监督处理的事件,要做到事实清楚,定性准确,稳健处理。典型案例如西湖区人大常委会把推动"三改一拆"工作作为今年一项重要监督内容。全区各镇街人大围绕所在区域工作重点、群众关注热点积极行动起来,全力推动"三改一拆"扎实开展。灵隐街道人大工委组织视察原水泥厂旧址改建的之江文创园及青芝坞"三改一拆"工作成果,并结合兰家湾整治的启动,组织召开座谈会,提出了可行性建议;留下街道人大工委组织对茶市街老旧小区改建工程进行专项视察,对改建工作提出具体建议;蒋村街道人大工委充分发挥人大代表广泛联系群众、联系基层的优势,积极向群众宣传"三改一拆"的目的、意义和有关政策,与征迁工作人员共上门入户发放《征迁手册》和《公开信》等宣传资料 500 余份;三墩镇人大在代表中开展"我为'三改一拆'建言献策"活动,并协助有关职能部门推进工作。部分镇街人大负责人还直接参与到了"三改一拆"工作中,如北山、西溪、古荡、转塘、蒋村、三墩等镇街人大负责人都以担任拆迁小组或改造整治指挥部负责人等形式,落实包干责任,深入一线克难攻坚,积极推进"三改一拆"工作。

---

① 席文启,关于人大个案监督的几个问题,新视野,2016 年第 2 期。

2.坚持有错必纠,违法必究的原则

在个案监督时,一定要秉公执法,对"一府两院"处理正确的予以支持;对错处错判的坚决监督纠正,全错全纠,部分错部分纠,对违法者应督促有关单位严肃处理。[①] 在这点上,如,浙江省人大代表依法对"三改一拆"行动进行监督。代表建言:"三改一拆"的必要性和取得的成果毫无疑问,但我觉得这样的"三改一拆",只能搞一次,以后不要再搞了。否则,说明我们政府的治理能力不够现代化,靠突击性的行政手段,靠领导重视和党员干部带头,带有强烈的行政色彩和人治色彩,而不是依法治理。按理讲,违法建筑不能建,何以让那么多面积的违法建筑长期存在?我们要找存在问题的原因。如何来阻止这些违法建筑?除了老百姓的违建,政府有没有违建的问题?明知不可违还去建。比起取得的成果,我更关心后续的工作。这体现了代表监督的纠错作用。

3.坚持人大不直接处理案件的原则

人大的个案监督,既不能失职,也不能越权,既要实施监督,又要注意监督方式,不能代替"一府两院"直接处理案件,对确实违法的个案,可以通过建议、决定或发出《法律监督书》等形式,督促"一府两院"依法纠正或处理。

4.坚持积极预防,监督在后的原则

为了减少违法个案的发生,人大应积极主动帮助、督促执法机关努力提高执法干部的政治素质、法律素质和业务素质,建立健全办案责任制和错案责任追究制,并把执法机关的监督与人大的外部监督综合起来。执法部门有无违法,往往只能在其作出措施、决定、裁定和判决之后加以判断,因此,人大的个案监督一般

---

①钟学志,关于地方国家权力机关开展个案监督的探讨,黑龙江省政法管理干部学院学报,1999 年第 2 期。

应当是在事后进行,但在特殊情况下,对一些特殊案件也可以考虑提前介入。如对执法部门正在办理的重大案件,社会反映认为处理不公,程序违法等,人大应予过问,又如,对一审判决明显不当,特别是判处死刑的案件,当事人在上诉的同时向人大常委会申诉的,为了使二审依法正确判决,避免发生冤假错案和不必要的损失,人大常委会也可以在终审判决前向法院提出建议。建德市洋溪街道做出了好表率。洋溪街道人大在作出"三改一拆"监督时,坚持强化监督落实。街道人大工委每月召开代表审查会,听取街道"三改一拆"工作汇报,并将收集到的选民意见和行政执法监督结果反馈给街道"三改一拆"办。对规模较大的集中拆改,动员两级人大代表跟随监督,如3月底城东村320国道沿线18处违章沿线拆除,街道8名人大代表实地勘查,确保拆改过程严格按照相关法律法规执行,及时化解矛盾冲突。这样,人大既能及时预防冲突,也能及时解决冲突。

5.坚持同级监督、相互协作的原则

地方各级人大在个案监督时,应当依照宪法和地方组织法的规定,对同级政府、法院和检察院及其工作人员的违法渎职行为进行监督。上级人大对下级执法机关的违法个案,不应直接实施监督,可以建议下级人大依法进行监督,如果下级人大在个案监督中作出违法或错误的决定,上级人大有权予以制止和纠正。上级人大在实施个案监督时涉及下级执法机关的,下级人大应予支持配合。总之,个案监督既要坚持同级监督的原则,又要上下配合,互相支持。温岭市人大做了好榜样。温岭市人大在监督时,监督类型包括党员干部违建、上级督办和市主要领导指示的违建、安全隐患整治、成块连片拆除及拆后利用等。随后召集相关的人大代表、政协委员及部门负责人,听取城东街道的"三改一拆"工作汇报,并就一些重点、难点问题进行讨论。要研究难点问题,提出相应的措施和办法;要把存在安全隐患的违建底数摸排清楚,盯住不放,一抓到底;要充分考虑小微企业的出路问题,注重与规划等部门的沟通协调,加快拆后利用工作,保障城市转型发展顺利推进。

监督必须注重实际效果。地方人大在个案监督时要力求做到敢于监督,又要善于监督,讲究质量,注重效果。通过监督,促进廉洁执法,提高执法水平,保证宪法和法律的正确实施。为了使个案监督有力度、有效果,必须实行"三个结合",即各种监督形式相结合,监督事与监督人相结合,支持与督促相结合。各种监督形式相结合,就是在监督中,可以采取组织专门调查,提建议、质询、评改,作出决定、决议或者发出《法律监督书》、受理申诉等形式进行监督。监督事与监督人相结合,就是既要监督事又要监督人,把法律监督、工作监督与人事监督(人大对干部的任免)结合起来进行,既要使违法案件得到纠正,又要追究违法者的责任,使违法者受到教育或追究。支持与督促相结合,就是对执法机关办理的个案,正确的、合法的予以肯定和支持,错误的、违法的则督促纠正。乐清市人大勇于提议,树立了良好样本。乐清市"三改一拆"办共收到人大议案 15 件、政协提案 5 件。其中,由市三改办主办的人大议案 5 件、政协提案 4 件;协办的人大议案 10 件,政协提案 1 件。提议案涉及加快城中村改造、纵深推进"大拆大整"、推进柳市镇"无违建乡镇"创建、解决下山移民和应急避险移民遗留问题等多个群众关心的热点、难点问题,牵涉到群众的具体生活和切身利益。自接到提议案后,班子高度重视,多次召开研讨会专题研究各类提议案;注意把握时间节点,5 月 10 日前已完成回复各类协办件 11 件,并收到其他单位协办意见 12 件;同时注重与代表、委员的办前、办中、办后沟通联系,为进一步推进人大政协联系沟通机制,召开了人大政协提议案面商会,虚心听取代表委员意见,7 月 3 日之前已完成 2017 年议案提案答复工作。

三、法治新常态下"三改一拆"工作中政协协商民主工作

监督,是现代政治运行的重要构件,实质是"委托之权对受托之权的一种控制与约束"。民主监督作为中国共产党领导的"人民政协三项主要职能之一,既是我国社会主义行政监督体系的重要组成部分",也是我国政治系统正常运作的重要环节和人民行使监督权利的主要形式,在社会主义民主政治建设中占据不可或缺的地位。[1] 自党的十八届三中全会提出要"重点推进政治协商、民主监督、参政议政制度化、规范化、程序化"等要求以来,人民政协的民主监督职能日益受到关注。从 2014 年提出,要完善政协民主监督的各项操作性安排,到 2015 年出台的《关于加强人民政协协商民主建设的实施意见》提出,要条件成熟时对民主监督进行专项规定和经验总结,再到 2016 年俞正声在全国政协工作报告中强调,要切实落实政协的民主监督,"提高监督实效"。这一系列有关推进政协民主监督的意见和规定,既为人民政协更好地履行民主监督提供了方向和空间,也为理解中国共产党在新时期调整其执政思路、领导方式和统治工具等打开了切口。笔者尝试以人民政协民主监督职能的变迁过程为分析对象,探讨这一职能生成与演化的主要影响因素和内在逻辑,并在此基础上挖掘其得以进一步拓展和实践的空间。

(一)政协协商民主工作的合理性

全国政协主要的职能体现在政治协商、民主监督、参政议政。从立法角度来看,政协会议作为一项正式的国家权力是在《宪法》

---

[1] 陈克炜,人民政协民主监督理论与实践浅议,贵州社会主义学院学报,2011 年第 4 期。

序言中明确确认的,政府权力的动态运行过程中要主动听取政协会议的意见,与政协进行协商,自觉接受政协会议的民主监督,虚心接受民主党派、无党派人士的批评与建议,切实做好在重大问题决策过程中,发挥政协会议的协商权与全国人民代表大会的决策权的优势,保障政府决策的科学性与民主性。从构成角度看,政治协商会议由全国各个团体组成,代表了绝大多数公民的权益和意见,政协的意见表达反馈到政府的决策中,满足了不同职业群体多元的价值诉求,很大程度上体现了决策的民主性。"从政府过程的视角看,政府运作表现为一个动态的过程,主要体现为意见表达、意见综合、决策、决策的施行这几个环节的渐次推进和贯穿其中的政务信息传输和监督过程。"①"全国政协的协商权介入了政府过程的动态链条,贯穿于政府过程中的意见表达、意见综合和决策等环节,是中国政府过程中至关重要的运行机制,在重大问题的决策上,中国已经形成了政治协商、人大决策和政府实施相结合的决策模式。"②

在监督层面,政协对"三改一拆"政策的确立与执行进行监督具有天然的合法性。依法治国,是坚持和发展中国特色社会主义的本质要求和重要保障,是实现国家治理体系和治理能力现代化的必然要求,事关我们党执政兴国,事关人民幸福安康,事关党和国家长治久安。依法治国是党领导人民治理国家的基本方略,其实质就是依照体现人民意志和社会发展规律的法律治理国家,而不是依照个人意志、主张治理国家;要求国家的政治、经济、社会各方面的活动统统依照法律进行,而不受任何个人意志的干预、阻碍或破坏。中国特色社会主义民主协商制度是中国特色社会主义民主制度的重要组成部分。在依法治国的背景下,推进协商

①朱光磊,当代中国政府过程,天津人民出版社,2008年。
②张英秀,政府过程视域中的"两会"机制,中共福建省委党校学报,2010年第10期。

民主法治化,既是全面推进依法治国的重要内容,也是国家治理现代化的现实需要,更是协商民主制度本身的内在诉求。协商民主法治化的前提在于法制化,因而,相关法律法规的建构必然成为法治化的首要枢机。①

1. 协商民主法治化是全面推进依法治国的重要内容

协商民主法治化并不是感性化的设计和随意性的推进,而是要在遵循进化理性和建构理性的共恰、显性建构和隐性认同的共进以及历史逻辑和对比逻辑的共显的原则指导下,逐步推进政党协商、政府协商、政协协商、人大协商、基层协商和人民团体协商法治化进程。依法治国要求将整个政治社会运行系统纳入到法治化的轨道,作为一个综合性的概念框架,依法治国包含着相关子系统和元制度的法治化。协商民主制度是中国特色社会主义民主制度的重要组成部分,同时也是我国政治社会运行系统的一个重要的子系统,因而,推动协商民主法治化必然成为全面推进依法治国的重要内容。从现实的角度而言,虽然协商民主与选举民主同是中国特色民主社会主义民主制的重要形式,但从法律层面来讲,对于协商民主的主体、范围、原则以及方式都缺乏具有强制性和普遍约束性的法律规范,换言之,协商民主制度与依法治国基本方略还存在一定的差距。因而,有学者呼吁,"在依法治国的背景下,协商民主的主体、内容和程序均应受到宪法相关法律的规制。协商民主存在的争端应当通过协商本身的法律机制来解决"。这一现状在"三改一拆"进程中的政协工作中有着明确体现。一个典型的例子是,温州市政协会议上,市政协主席余梅生主持会议并指出,"三改一拆"工作是近年来市委市政府作出的重大决策部署,是我市深入"五化战略"、推动现代大都市建设的重

---

① 王学俭、杨昌华,中国特色社会主义协商民主法治化研究,社会主义研究,2015 年第 2 期。

要举措,各级政协组织和广大政协委员要找准履职切入点,全面助推"三改一拆"任务完成。在这一前提下,会议强调要树立法治思维,打好攻坚战;市县两级政协要切实发挥政协优势,紧紧围绕"三改一拆"的重点区域、重点项目组织开展监督调研,积极出谋划策,助推全市"三改一拆"工作取得新成效。在这一工作中,政协依法监督得到了强调。

2. 协商民主法治化是国家治理现代化的现实诉求

从规范意义上讲,国家治理必然是一种法治治理,而一个国家的治理体系也必定是一个法治体系,是各治理主体都按照宪法法律进行活动的规范体系和规则体系。正如罗茨所言,"作为善治的治理,它指的是强调效率、法治、责任的公共服务体系"。学者俞可平也将法治作为善治的五个基本要素之一,他指出,"法治是善治的基本要求,没有健全的法制,没有对法律的充分尊重,没有建立在法律之上的社会程序,就没有善治"[①]。从协商民主与国家治理的关系角度来看,协商民主与国家治理具有高度的契合性。[②] 协商民主可以认为是一种重要的民主治理形式,它在国家权力向社会回归的过程中能够发挥重要的作用。因而,广泛参与的协商民主对国家治理具有基础性的制度支撑作用。国家治理体系和治理能力是一个国家制度和制度执行能力的集中体现,因而,推进国家治理体系和治理能力现代化的根本落脚点和现实依托就是实现各种制度的现代化。"一般而论,现代化的制度具有合法性、有效性和调适性",其中合法性既包括政治意义上的合法性,也包括法律意义上的合法性,即合法律性。从这个意义上讲,制度的现代化必然包含着制度的法治化。

作为国家治理体系框架内的一个重要的子体系和元制度,协

---

① 俞可平,治理与善治,社会科学文献出版社,2000年。

② 牟丽平,协商民主与国家治理:中国治理现代化的战略选择,云南行政学院学报,2014年第6期。

商民主法治化亦是推进国家治理体系和治理能力现代化的题中应有之义。在这点上,下城区政协是一个好例子。在"三改一拆"工作中,下城区政协良好履行自身的职能,很好地完成了自身的治理。在 2 月 17 日,下城区政协在区政府办、区"三改一拆"办、区住建局、区城管局、区市场监管局、区都工办、石桥街道、下城环保分局及华丰经合社等单位负责人的陪同下调研水车港治理工作,实地全路段踏勘,并在华中社区召开协调会。政协领导在听取各责任单位对水车港深化治理工作的情况汇报后作了讲话。政协指出,通过实地调研,暴露出的问题很多,原因方方面面,虽还未在市深化作风建设大会上予以曝光,但也不能存有侥幸心理,要有强烈的危机感和紧迫感。针对诸如污染源底细不清,雨、污口互用,地块权属不明,沿岸垃圾等问题,政协提出了相关建议:各责任单位要明目标、清责任,重监管、严执法,强宣传、勤巡查。同时,他强调,各责任单位要迅速行动,紧密配合,深化治理,让河水更清,两岸更绿,景观更美,造福于下城百姓。在这点上,政治协商民主在智力方面发挥了功用。

3. 协商民主法治化是协商民主制度的内在要求

从民主的实践层面看,现代社会的民主大都是程序民主、制度民主和规则民主的统一,因而程序正义一般被认为是民主政治的最重要原则之一。陈家刚认为:"协商民主指的是自由平等的公民基于权利和理性,在一种由民主宪法规范的权力相互制约的政治共同体中,通过集体和个人的反思、讨论、辩论等过程,形成合法决策的民主体制、治理形式。"①从协商民主的定义可以发现,协商民主本身就是一种以宪法法律为中心的程序民主,相对于实体正义而言,它更强调程序正义,注重体现过程的公正性和平等性。有学者指出,"协商民主尊重程序,并将程序看做是决策

①陈家刚,协商与协商民主,中央文献出版社,2015 年。

获得合法性的规范性要求","程序规范协商过程,程序的作用是为协商制度的重要特性提供一种抽象的描述"①。但在现实的运作层面,如何保障程序正义落到实处,从而保证协商民主真正实现,这就需要实现协商民主的规范化、制度化和法治化,从而对运行过程中的僭越行为以及破坏民主的行为进行约束,进而保障协商民主的落实。正如洛克所说,"使用绝对的专断权力,或以不确定的经常有效的法律进行统治,两者都与社会和政府的目的不相符"②。从规范意义上讲,民主与法治应当是共生性的关系,它们是密不可分的,离开法治的民主是难以有效运转的,离开民主的法治也不是规范意义上的法治。因而,推进协商民主法治化也是协商民主制度本身的内在要求。从内在要求而言,宁波市政协在"三改一拆"中倡导的界别协商会议有着创新意义。市政协副主席、民进宁波市委会主委李太武带领民进界别政协委员一行 11 人,到市"三改一拆"办公室开展面对面协商交流。与会委员踊跃发言,建言献策。"三改一拆"办公室对委员们的提问一一作了详细解答,并对委员积极关注"三改一拆"工作表示感谢,对提出的意见建议表示将认真吸收落实到工作中去。

(二)在"三改一拆"中政协协商民主工作的方法

在"三改一拆"中开展工作,政协必须注重群众路线。中国共产党之所以能够完成辛亥革命未竟的事业,一项很重要的原因,便是对"统一战线"的运用。新中国"建国"是政党建国模式,即中国共产党领导中国人民建立新中国。从方法论的角度看,群众路线是党联系群众、沟通群众进而领导人民的重要途径。所谓群众路线,主要是指领导方法的问题,即,凡属正确的领导(意见),必

---

①康永利,协商民主在我国城市基层民主建设中的作用研究,复旦大学,2010 年。

②约翰·洛克,政府论两篇,陕西人民出版社,2004 年。

须是从群众中来,再到群众中去。群众路线的开展是在解放区的土改时期。这一时期的群众路线充分展现了党与群众的协商过程。按照毛泽东的表述,这一过程是:"将群众的意见(分散的无系统的意见)集中起来(经过研究,化为集中的系统的意见),又到群众中去作宣传解释,化为群众的意见,使群众坚持下去,见之于行动,并在群众行动中考验这些意见是否正确。然后再从群众中集中起来,再到群众中坚持下去。如此无限循环,一次比一次地更正确、更生动、更丰富。"这一过程有关协商的意蕴体现为以下几点:主体包容性,从广泛动员的群众中听取意见;理性指导,通过研究将群众意见化为集中系统的意见;反思性平衡,不断通过群众行动检验意见;协商与决策相关联,群众意见经升华后见之于行动。这一过程体现了党与群众的互动、民主和集中的统一。故此,群众路线以党群协商的方式,将协商结果借助于强大的政治道义力量输入民主政治过程中,从而使群众路线具备了协商民主的实质功能。① 反过来,协商民主以群众路线的方式展开,那么这一民主模式便充分体现了社会主义的内在规定性。在这一时期,群众路线借助于党群协商的意志互动,实现了党的自我整合过程,形成了具有高度纪律性、组织性的革命型政党,从而与近代以来生生不息的大众民族主义诉求交流汇通,凝聚起强大的革命力量。这一力量主导完成了革命建国的光辉使命,其立足点和指导思想就是"群众"的观念。这构成新中国在迈入现代化国家的起点特性,即,中国革命和建国过程是以"群众"这个概念,而不是西方现代国家主张普遍抽象人权的"公民"概念开始的,"群众"要求的不是抽象的人权,而是包括土地权利、平等权利的社会经济权利。相比较于资本主义社会代议制下基于投票的一次性授

---

① 马一德,宪法框架下的协商民主及其法治化路径,中国社会科学,2016 年第 9 期。

权式的合法性来源模式,中国共产党领导的社会主义道路,自始坚持以群众的需求为基础,通过党内整风、反官僚主义、决策群众化等方式寻求与群众需求的一致性,以此构建群众的政治认同。在这一前提下,在"三改一拆"的协调工作方式中,政协依然要注意以下几点:

1. 政治协商的法治化

"执政党—政协"中的政治协商,包括政党协商和其他形式的政治协商,主要是以人民政协作为协商载体。在政治协商层面,将人民政协的政治协商作为重要环节纳入决策程序。这就意味着,政治协商不仅仅是政策咨询和建议,而且在政策决定程序中具有实质性地位。目前已在各地推行的重大决策经由人民政协事先协商制度,值得推进。但为防止这一制度沦为形式,有必要加强保障机制建设。《中共中央关于加强社会主义协商民主的意见》提出的健全知情明政机制、专题报告会机制、协商反馈机制等,均是强化协商过程与决策制定内在联系的重要保障。[1] 应当指出,《中共中央关于加强社会主义协商民主的意见》是对 2005年颁发的《中共中央关于进一步加强中国共产党领导的多党合作和政治协商制度建设的意见》的深化,该意见提出的几点重要举措依然是当前政治协商制度化的核心,包括:将政治协商纳入决策程序,就重大问题在决策前和决策执行中进行协商;规范中国共产党同各民主党派协商的内容和程序。在此基础上,还可通过政协委员异议制度、政协建议制度等进一步强化政治协商的保障力度。民主监督的制度化结果,是强制性重启政治协商过程,要求执政党就决断事由与协商过程间的有机关联做解释和回应,以防任意决断,亦是决断合理性的一种修正机制。

---

[1] 马一德,宪法框架下的协商民主及其法治化路径,中国社会科学,2016 年第 9 期。

2.社会协商的法治化

社会协商是公民通过各种渠道将意见传输给国家,在我国,这一渠道较多通过党的群众路线。社会协商搭建了公民与国家的对话机制,以一种"自下而上"的方式与党领导的政治协商和多党合作这一"自上而下"的方式,形成了有效的沟通与互动。不过,公民通过社会协商所提出的意见,应通过合适渠道转换为国家治理的调整依据,而不能直接对国家治理"发号施令"。原因在于,民意压力虽可实现对以人大制度为核心的代议民主模式与法治体系的信息闭流和等级体制僵化等弊病的有效制约,但如亨廷顿所言,群众社会的参与程度和参与水平是很高的,但在群众社会里,政治参与是无结构、无常规、漫无目的和杂乱无章的。这样容易滑向无序的参与,反而会压缩群众参与的空间,消解作为群众路线体现的社会主义协商民主的民主意涵,并且会从外部冲击到法治秩序。因而,社会协商的制度化,首先是以制度化的方式附条件进行社会协商,并建立其与人大制度的制度关联。

基于以人大制度为核心的代议民主模式与法治体系在现代化国家治理中的基础地位,社会协商的启动条件应围绕社会协商的固有功能,即对法治体系的外部监督展开。可以具体区分两种情形分别进行制度设置:一种是常态的监督,即党和群众定期沟通和直线联系机制,可通过党代会、基层党组织等党内组织机构和程序经由协商及时收集群众对国家机构作风、政策和具体行为的意见,促使国家机构的行为调整。当群众意见汇聚后,便可成为政策调整的风向标,其结果是,促使党更新其政策主张,围绕其制定和调整新的政策,重启公共决策过程,再交由人大转换为国家意志作为职权行使依据。社会协商的这一作用直接体现在对行政决策与行政立法的有效制约之上。行政决策和立法因其程序相对灵活性和事务专业性,自始就排斥公众参与,民主品格先天不足。通过公民参与行政立法,组织针对行政立法和决策的协商会,并将其作为前置程序,可最大限度地补足其正当性。以制度化的形式,针对行政立法和决策的社会协商,可视为行政立法参与权,具体包括四项权能内容,即:进入行政立法程序的权利,提出立法意见的权利,立法意见得到回应的权利和合理意见获采纳的权利。

另一种制度设置是穷尽法律救济后的群众诉求表达机制。这是由于当前我国法治建设尚处于完善阶段,因此很多社会争议难以在以人大制度为核心的法治领域内得到有效解决。此时应特别强调党与群众在具体争议领域的协商机制建设。这不仅可防止法治所无力回应的社会争议以无序的方式危及秩序,更可以此为契机审视法治解决争议之不足,作为法治完善之切入口。但应特别注意,这一协商由于功能所限,其协商内容并非争议的实体解决,而应侧重于通过协商发现法治在争议解决过程中所暴露的局限,以防社会协商的触角不当延伸至法治的领域。此点正是厘清协商民主与代议民主关系的要求。在这一维度,社会协商必须处理好其与法治构建的多元纠纷解决机制间的关系,这就意味着社会协商的启动是附随性的,性质是监督性的,目标是对多元纠纷解决机制职权行使和程序运行的监督。在社会协商过程中,应特别强调人民团体的作用。人民团体本质上属于社会组织,国家与公民之外的公共领域,发挥着汇聚公民意见、增强公民力量的功能。我国的人民团体相比较于一般社会组织,与国家的联系更为密切。在中国国家治理模式中,这一特质是一大优势。这种优势体现在,由于人民团体是人民政协的重要组成,因而,人民团体积极参与社会协商,可将社会协商有效导入以人民政协为载体的政治协商,从而更好串联了从社会协商向政治协商的过渡。在此维度,《中共中央关于加强社会主义协商民主建设的意见》中着重提出的人民团体协商,得以有机嵌入中国国家治理模式中。

具体来看,政协的民主监督得以深化的前提和底线是要坚持中国共产党的领导,不能挑战中国共产党的执政地位。也就是说,政协民主监督职能的改进和落实,最终是为了使人民政协能够更好地保证中国共产党的领导地位、提升其执政能力,从而实现中国共产党总览全局、协调各方的目标。因此,不难理解,在现阶段的实际运作中,虽然政协的民主监督已是我国监督体系的重要组成部分,"却一向被视为政协履职过程中的薄弱环节"。这尤其体现在民主党派的监督上。我国的《监督法》没有涉及政党监督,导致参政党对执政党的监督效力有限,而"失去韧性的柔性监督呈现出鲜明的人治色彩"。王建华、王云骏发现,"就参政党而言,民主监督的好坏,取决于党派负责人个人的能力与社会、政治地位",并且"还与统战部长是否是中共地方党委常委有关。一般而言,通过分管统战工作的党委常委,民主党派可以获取更多的政治资源,更好地实施民主监督"。在这一意义上,"各民主党派对中共地方党委更多的是依赖,而非监督"[①]。俞正声在 2016 年的全国政协工作报告中也指出,政协履行民主监督职能的全过程,都必须经同级党委审查批准与同级政府协商同意之后才能够开展,并且强调要把民主监督放在客观善意、支持党政部门的工作上,寓监督于支持之中,把改进工作与促进和谐相结合。

相比政党监督仍然面临"被提防"的尴尬,政协民主监督的另一构成——社会监督——在参与政府决策和促进社会整合等方面的实践则日益增多。从政协民主监督职能变迁的内在逻辑来看,这也是政协民主监督未来的增长点所在。尤其是政协参政议政职能的提出,盘活了政治协商和民主监督,"升华了民主监督的内涵,拓宽了民主监督的空间,使得政协的民主监督'寓于'政治协商和参政议政之中"。从参与决策的议题来看,凡是涉及国家

---

① 王建华、王云骏,我国多党合作的民主监督问题研究——基于比较政党制度的视角,学术界,2013 年第 1 期。

经济社会发展和人民群众切身利益的重要社会议题,政协都可以参与其中,服务人民群众,从而坚持了政协的民生导向。而这也是衡量人民政协民主监督绩效的标准之一。浙江省委在 2013 年即出台有关政协民主监督的实施意见和办法,明确监督的形式、程序和工作责任等方面的内容,并围绕浙江省委、省政府的相关决策部署,就城市交通拥堵整治、美丽乡村建设、"五水共治"等议题组织政协开展专项集体民主监督工作,针对其中发现的问题与当地党委政府及时沟通。从参与决策的方式来看,政协主要是在决策之前和决策之中提出意见或建议。在这一意义上,政协这种"寓于"协商的民主监督"本质上是预防性的监督和建设性的监督"。胡筱秀指出,政协的性质和地位决定了其不能独立地履行职能,需要党委、政府和人大等其他系统的支持和配合才能发挥作用,但它又不孤立于整个政治过程而自我空转,成为政治体系实际运转中不可缺少的环节。以深圳市南山区政协为例。自 2013 年开始,南山区政协实施委派民主监督员制度。民主监督员由区政协党组派出。他们通过向受派单位提出相关工作建议、意见、批评等方式,配合走访、实地调研、听取工作通报等办法,实现政协民主监督的常态化,密切政协和政府之间横向的沟通和联系,从而提高政协民主监督的质量和效果。不过,在王建华、王云骏看来,政协的民主监督和参政议政之间边界的不明确,"在制度建构上的同质性,必然带来国家权力运行过程中,权责不分,责任主体不明,或者说分不清监督主体与客体"的结果。但这一制度设计"缺陷"从另一角度来看,也不失为中国共产党把政协的民主监督限定在执政党可控范围之内的一种策略选择。

综上,尽管近年来政协履行民主监督的空间正在渐进地得到落实和加强,并且已经成为社会主义协商民主建设的重要内容,但是,在我国以党建国的历史事实及其政治运作逻辑的掌控下,更广泛地吸纳和整合社会意见,以在决策过程中发挥建设性作用,从而维护中国共产党的领导地位,提升中国共产党的执政能力,才是政协民主监督得以进一步拓展和实践的空间所在。在这一意义上,政协民主监督职能未来应更多体现在涉及国家经济社会发展或人民群众利益的公共政策制定的过程中,协助民众表达利益诉求,同时促使党和政府及时作出相应反馈。只有这样,才能打响"三改一拆"的攻坚战。

第五章
"三改一拆"工作中法治政府的价值与意义

依法行政是我国政府长久以来的努力目标。2004 年国务院公布了《全面推进依法行政实施纲要》(以下简称《纲要》),确定了建设法治政府的目标。《纲要》的提出,是依法治国的集中体现。《纲要》反映了中国依法行政实践的发展成果,对此前的经验进行了总结,明确规定了全面推进依法行政的指导思想和具体目标、基本原则和要求、主要任务和措施,是推进我国社会主义政治文明建设的重要政策文件。《纲要》颁行十多年来,各地坚持把推进依法行政、建设法治政府作为改革发展的关键环节和重要工作来抓,积极探索,开拓创新,狠抓落实,做了大量扎实有效的工作,取得了比较显著的成绩。各级行政机关依法行政的理念和意识明显增强,运用法律手段处理经济社会事务的能力不断提高,行政管理体制改革稳步推进,法治政府建设步伐不断加快,为全国经济社会又好又快发展创造了良好的法制环境。①

在新时代,依法行政建设得到了深化。2013 年党的十八届三中全会在《中共中央关于全面深化改革若干重大问题的决定》中提出推进法治中国建设,这是要打造依法治国的升级版。法治中国建设的关键和难点依然是法治政府建设。坚持用制度管权管事管人,让人民监督权力,让权力在阳光下运行,把权力关进制度的笼子是下一阶段依法行政和法治政府建设的重点。党的十八届四中全会通过了首个全面推进依法治国的纲领性文件,向全世界郑重宣布我们将全面建立中国特色社会主义法治体系,建设

①应松年,把权力关进制度的笼子,中国行政管理,2014 年第 6 期。

社会主义法治国家。这标志着我国政府角色转变已经从第二个阶段,即从"主导市场经济"转向"服务市场经济",从"经济建设型"转向"公共服务型",进入第三个阶段,即从"服务市场经济"转向"保障市场经济",从"公共服务型"转向"法治保障型"。这既是发展方式转变的进步,也是政府绩效管理方式的提升。在这种新的形势下,将依法行政纳入政府绩效管理,对推动政府深化改革,建设职能科学、权责法定、执法严明、公开公正、廉洁高效、守法诚信的法治政府,无疑具有重要的理论和现实意义。① 党的十八届五中全会提出"共享是中国特色社会主义的本质要求",顺应了时代发展对中国特色社会主义理论的需要。但是,共享尤其是财富的共享,在实践中面临很多问题,实现共同富裕也不是一件容易的事情。这不仅仅需要具体分配政策上的创新,还需要国家整体制度设计上能够以公平、公正和共享为基石。中国特色社会主义发展到这个阶段,法治的重要性就得以凸显。从人类文明发展和中国历史发展的轨迹看,解决公平和共享问题、解决共同富裕问题,还是要靠良法之治。这种"良法之治",就是法治。② 因此,十九大报告明确提出,全面依法治国是中国特色社会主义的本质要求和重要保障,这是新时代对于法治认识的进一步深化。依照十九大报告的精神,浙江省"三改一拆"工作同样应当坚持依法行政的价值取向与行为模式来进行。

浙江省政府与党委在一开始便为"三改一拆"的价值要求定下基调:"三改一拆"是浙江省内生动的法治大平台。在"三改一拆"工作推进会上,时任浙江省委书记夏宝龙指示,"三改一拆"与法治浙江建设紧密结合起来,发挥好法治的重要作用。夏宝龙强调,要把"三改一拆"作为法治浙江建设的大平台、试验田、试金石

---

① 孙洪敏,将依法行政纳入政府绩效管理,南京社会科学,2015 年第 1 期。
② 中国青年网,十九大报告是新时代法治中国建设的总纲领 http://news. youth.cn/sz/201710/t20171020_10899522.htm,2017 年。

和活教材。[①] 在以法治推动、引领、保障"三改一拆"的同时,把"三改一拆"纳入深化法治浙江建设的总体框架中去谋划和推进,通过研究和解决"三改一拆"中的立法、执法、司法、普法等各个方面的问题,为法治浙江建设提供理论和实践依据,使深化法治浙江建设的抓手更实更具体。要更加重视法律适用、法律执行问题,积极开展实验和创新,进一步完善"三改一拆"的法律制度,严格依法办事。要把"三改一拆"当作考场、赛场,试出干部运用法治思维和法治方式的能力,试出干部的工作作风和工作水平。要切实增强理论研究、普法宣传、舆论引导的针对性和实效性,把"三改一拆"各项工作作为法治研究的重要课题,把"三改一拆"每一次行动作为对干部群众开展的活生生的普法教育,把"三改一拆"取得的每一项成果,都用来增强全社会学法尊法守法用法的氛围。基于这一价值与行为的要求,浙江省"三改一拆"工作的法治价值要从以下几点体现。

一、坚持法规立法的合理

法治政府评价体系的设计,既要关照到科学性,注意法治对政府行为的一般要求;又要关照到目的性,注意到中国当代行政法治发展的特殊性。[②] 就法治政府评价体系的科学性而言,关键是能够准确地衡量依法行政的水平和状况。当然,对"科学性"的理解,未必就是自然科学所遵循的唯一性、准因果性、实验可得性等规定性,也可以是"能够反映事物的本质性"和"规范的分析方法"等意义。只有在后者意义上理解的"科学性",才是法治政府

---

① 浙江新闻,夏宝龙:把"三改一拆"作为法治浙江建设大平台 http://zjnews. zjol.com.cn/05zjnews/system/2014/08/19/020207443.shtml,2014 年。

② 李卫华,法治政府评价体系之理论思考,当代世界与社会主义,2014 年第 3 期。

评价体系的"科学性"的标准。一方面,法治政府的评价指标必须是法治发展所必要的,具有理论依据,既应当能够反映法治对政府权力运行的基本要求、实现依法行政,也能够反映政府机关的法治化成就。就基本内涵而言,法治政府"是指作为行使国家行政权力的各级政府及其组成单位根据宪法和法律产生和建立,其职权和职责由法律来规定,其行使权力的方式和程序由法律来确定,其是否越权和滥用权力由法律来评价,其权力的行使过程及其结果受到法律的监督和控制"。若从"行政权力依照法治原则运行"这一法治政府的精髓来分析,"有限政府"、"阳光政府"、"诚信政府"、"责任政府"的内涵都是直接指向行政权力运行的规范和方式的,理应属于法治政府的基本内涵;而强调行政应提高办事效率、为社会公众提供优质服务的"服务政府"与"效能政府"的内涵,则更侧重于强调政府行政的宗旨和导向,这其实是对法治政府建设所提出的更高目标和关于依法行政的基本要求。[①] 而国务院《全面推进依法行政实施纲要》中所提出的合法行政、合理行政、程序正当、高效便民、诚实守信、权责统一,这些基本要求则应当通过具体指标得到评价。另一方面,法治政府的指标必须是可以定性、定量分析,能够再分解为二级指标、三级指标,并可以用数字或资料进行量化分析的。只有这样,政府依法行政的状况才能通过评价体系的衡量一目了然,并能确切评价已经取得的成绩和尚存的差距。当然,只有提供了这种规范分析方法的评价体系,才具有一定范围内的普遍适用性,也才能用于衡量和比较不同的地方各级人民政府以及不同的行政职能部门的法治状况。对人类社会而言,合规律性与合目的性密切相关。就法治政府指标体系的目的性而言,其关键是促进法治政府建设、依法行政、更

---

① 杨小军、宋心然、范晓东,法治政府指标体系建设的理论思考,国家行政学院学报,2014 年第 1 期。

好地为公民服务;其指标体系需要客观、真实、全面地衡量和评价我国行政机关依法行政的状况,以发现问题和不足,并寻求解决问题的办法和完善措施。因而,法治政府评价体系的设置应该考量特定的时空环境,设计出具有直接适用性的具体指标,不在于形成一套放之四海而皆准的普适规范。就像英美法系主要依赖归纳逻辑,而大陆法系则倾向于演绎逻辑,但二者具有异曲同工之妙,都可以实现亚里士多德所言的"制定的良好的法律得到普遍遵守"的法治秩序。

在坚持科学性与目的性的同时,法治政府评价体系还必须坚持系统性与开放性并重。法治政府评价体系的系统性要求:一方面,法治政府评价指标体系必须具有整体性、系统性,必须对各个分散指标予以体系化和系统化,注意相互之间的内在关联性,尤其是概念指标的准确性和概念指标之间的一致性和因应性。[①]一般而言,人民政府以公民参与和社会自治为基础,与开放政府所强调的"信息公开、透明行政"相辅相成;适度政府强调政府与社会、市场的良性互动,与有限政府所强调的"公民权利与其他公共权力对行政权力的制约"互为因果;统一政府以政府的整体性和贯通性为基本标志,与信用政府所强调的"前后一致、信赖保护"异曲同工;服务政府要求政府为公民、为社会服务,与责任政府所强调的"权责统一、有错必究"互为保障;效能政府对低成本、高效益的追求,与廉洁政府所强调的"对公益性和无偿性的追求"相得益彰。同时,所有指标之间也具有一定的逻辑关联性,应当以行政权力运行过程为主线、以政府和公民关系为核心、以依法行政原则为基础、以人民主权原则为宗旨,构成一个系统性、逻辑性、关联性的评价体系。另一方面,法治政府评价指标体系的系

———————

① 李卫华,法治政府评价体系之理论思考,当代世界与社会主义,2014 年第
　3 期。

统性还要求,每一个一级指标可以再分化为二级指标、三级指标,直至能够量化具体的行政实践,从而形成具有一定层次结构的评价体系。其中,一级指标的设置,应更多强调价值性和科学性,有利于评价体系的系统性和全局性;二级指标、三级指标的设置则倾向于效用性和评价性,使得评价体系能够切实地指向行政实践,能够对政府的行为进行直接评价。这样形成的评价体系,则兼具了引导性和评价性的双重功能。开放性要求法治政府评价体系具有可发展性和兼容性,即设计出的评价体系不应是一成不变的、僵化的教条体系,而应是开放的、发展的,可以因应时空变化而更新的。就基本国情而言,我国是一个幅员辽阔的多民族国家,地区间的差异极大,政府的管理方式和观念也必然有一定的地区差异,依法行政的要求当然也会有相应的不同。如在多民族聚居区域,保障不同民族的公民对政府决策的平等参与,就应该成为人民政府的指标之一;而在单一民族区域,这个因素就不再是一个显性指标。同时,行政机关体系又具有较细的专业分工,不同的专业部门之间依法行政的具体要求也会有些差异,比如实行直属管辖的行政机关与实行双重管辖的行政机关在统一政府的具体指标设计上就要有所不同,综合管理机关与专业执法部门在责任政府、效能政府等方面的指标要求也应有所差异。总之,一般意义上的法治政府评价体系,主要是为各级政府及其职能部门提供一个基础性的评价和引导体系。对于不同行政机关的评价,则可以在此基础上增加或转化相应的指标内容;在注重法治政府的系统性要求的同时,实现特定领域、特定地域的典型性要求。这种典型性指标的确立,也有利于政府对同一行政机关依法行政的状况进行历史的分析和评价,总结过往的经验和不足,朝着法治化的目标有效前行。

法治政府评价体系仅有科学性与目的性、系统性与开放性还不够,还必须具有实效性和可操作性,否则,无异于空中楼阁、纸上谈兵。至于法治政府评价体系的实效性,其关键在于评价项目具有转化为可量化、可比较的数据的可能性。① 一般而言,法治政府建设作为一项复杂的人文建设工程,对其所涉及的因素进行定性分析是相对容易的,对其进行定量分析有些难度但仍有可能。实际上,对于很多指标,我们都可以进行转化分析,从它所影响的社会末端寻找可以定量分析的表象。例如,政府的服务意识表面看是一个精神层面的指标,但仍然可以进行具象转化,诸如服务制度健全程度、官方网站运转状况、咨询电话值守落实状况、咨询答复制度是否便民等都可作为服务意识的量化指标。同时,评价体系的实效性还在于指标的可比性,即具有在不同时空条件下的可比性。如果一项因素在不同地域的差异性很小,随着时间的推演发生改变的可能性也较小,那么这项因素则不适合设计为评价指标。因为评价体系的效用,除了评价政府的依法行政状况外,还要通过对不同地域、不同时期的政府法治状况的比较来引导法治政府建设。总之,法治政府评价体系的设计是为了通过客观评价各级政府的依法行政状况,促使其更有效地建设法治政府。因此,评价本身并不是目的,而是促使政府提高依法行政水平的手段和途径,以引导各级政府尽快实现法治政府之目的。比如,服务政府是现代社会对政府的重要要求,但是否存在一个完善的、最好的服务政府模板供各国政府机关去效仿和实现呢?答案必然是否定的,其原因在于社会事务的千差万别、变动不居以及社会文化和历史传统等环境的差异。但是,服务意识、服务观念、以人为本等基本指标还是能够评价政府的服务状况的;通过法治政府评价体系的设计,可以为法治政府的实现创造压力和动力,全面提高政府依法行政的意识和水平。长期以来,全能政府

①李卫华,法治政府评价体系之理论思考,当代世界与社会主义,2014 年第 3 期。

理念深入人心。在此种理念之下,政府的触角渗透到社会的每一个角落,政府几乎垄断了所有社会资源的分配和公共服务的供给。但事实证明,这种高度行政化的供给机制不仅给政府财政带来了巨大的压力,而且在服务质量、服务效益等方面亦难尽如人意。特别是随着福利国家时代的到来,民众对公共行政的需求与日俱增,希望政府提高服务水平,更好地满足自己日益增多的需求,这使得传统的由公共部门垄断公共行政的制度安排捉襟见肘。① 公共选择理论认为,没有任何逻辑理由证明公共服务必须由政府机构来提供,摆脱困境的最好出路,是打破全能政府的理念,把那些不该由政府管的事情交出去,实现由"大而全"的全能政府向"小而能"的有限政府转变。在有限政府理念的指引下,地方政府开始尝试将部分职能转由企业或非营利性组织等民间组织供给,政府则提供资金或政策支持,由直接生产转向民间生产、政府购买。对于这一实践中出现的新现象,国家予以了大力支持。国家计委于 2002 年 1 月发布了《十五期间加快发展服务业若干政策措施的意见》,提出要积极鼓励非国有经济在更广泛的领域参与服务业发展,放宽外贸、教育、文化、公用事业、旅游电信、金融、保险、中介服务等行业的市场准入。随后建设部发布的《关于加快市政公用事业市场化进程意见的通知》明确提出"鼓励社会资金、外国资本采取独资、合资、合作等多种形式,参与市政公用设施的建设,形成多元化的投资结构",而 2004 年建设部发布的《市政公用事业特许经营管理办法》则"进一步加快推进市政公用事业市场化,规范市政公用事业特许经营活动"。国务院于 2005 年 2 月 19 日发布的国发〔2005〕3 号《国务院关于鼓励支持和引导个体私营等非公有制经济发展的若干意见》、2010 年 5 月

① 杨小军、张鲁萍,我国法治政府建设的回顾与展望,社会主义研究,2013 年第 3 期。

7 日发布的《关于鼓励和引导民间投资健康发展的若干意见》,都意在进一步推动政府业务的委外,促进政府职能转变,实现由全能政府向有限政府的转变。

浙江省政府在"三改一拆"立法中,立法先行。此前较早依法通过了《浙江省城乡规划条例》,但新的违法建筑仍在不断产生。随着拆违执法力度的加大,完善拆违程序,遏制新的违法建筑产生,制定违法建筑处置的地方性法规呼之欲出。这一基础下,浙江省法制委员会通过实地调研、专家咨询与社会各界意见征集,最终确定了《浙江省违法建筑处置规定》的草案。浙江省法制委员会认为,该草案经过多次修改符合法律、行政法规,切合浙江实际,内容已比较成熟,浙江省人大常委会因此通过了该草案。《规定》对违法建筑的认定、处置原则、处置主体、处置程序、处置方式、责任追究、权利保障等方面做了明确规定。

"即查即拆"加强了这一立法的操作性。这一立法要求及时叫停城镇违法建筑,对当事人拒不停止建设城镇违法建筑的,由市、县(市、区)政府责成有关部门采取行政强制措施快速处置,拆除其继续建设部分,及时制止违法建设行为,避免当事人造成更大损失,降低执法成本。为了使执法更加人性化,《浙江省违法建筑处置规定》除了以往法律规定的"自行拆除"、"强制拆除"两种方式外,新增了"申请拆除"方式,被拆除对象如果受制于财力、物力或者存在自行拆除心理障碍等因素,可向政府提出申请助拆。同时,浙江省还配套出台了《浙江省"三改一拆"行动违法建筑处理实施意见》、《关于切实加强"三改一拆"行动中违法用地建筑拆除和土地利用工作指导意见》、《关于加强控制性详细规划编制管理推动"三改一拆"行动的通知》等相关法规和政策,使得整个"三改一拆"法律法规形成了一个完善的系统的法规体系。

二、执法过程中政府的自我监督价值取向

"三改一拆"作为一项惠及广大民众的民生工程,地方政府肩负着重大责任。在"三改一拆"的执法过程中,自我监督是地方政府重要的价值取向。任何权力都具有扩张性,而行政权又是公共权力体系中最为活跃也是最易扩张且最具侵害性的一种权力,对政府权力的有效监督是依法行政、建设法治政府的关键。自2004年《纲要》施以来,我国各级政府除了自觉接受同级国家权力机关的监督,政协的民主监督和人民法院监督外,国家更是通过发挥审计、监察等专门监督的作用,加大行政问责力度,大力推行政府信息公开,加强了对政府权力的监督,提升了政府自身建设的水平。在法治政府建设中,加强监督是一合理决策。

(一)建立和完善政府绩效管理法律监督机制

政府绩效管理的本质,是对政府行政权力运作的制约、监督及对公民合法权益的维护。基于此,在政府绩效管理中仅靠政府自身制定的规章、条例是不够的,因为政府所"采取的每一项行动最终'必须追溯到权威的法律授权'"。同时,公民的基本权利和义务属于宪法和法律规定的范围。所以将依法行政纳入政府绩效管理,必须建立健全法律法规体系。"如果不从制度安排上,从完善法制建设着手,包括立法、司法、一些政府法规的制定等。如果没有这些法律的支撑,永远走不出按照政府官员的好恶和实用主义需要的怪圈,不可避免地走上'其兴也勃焉,其亡也忽焉'的道路。"①依法行政纳入政府绩效管理法律监督体系,必须维护宪法权威。宪法是国家的根本大法,是党和人民意志的集中体现。

---

① 孙洪敏,将依法行政纳入政府绩效管理,南京社会科学,2015年第1期。

孙中山就曾明确指出:"宪法者,国家之构成法,亦即人民权利之保证书也。"维护宪法的权威和尊严,是依法治国的需要。政府制定的同宪法、法律相抵触的行政法规、决定和命令必须改变或撤销,禁止地方制发带有立法性质的文件,明确"红头文件"不是法。对于政府而言,依法行政首先是依宪行政,必须维护宪法的绝对权威,强化敬畏和服从宪法意识,确保在宪法和法律范围内履行政府职能。同时要自觉接受地方人民代表大会及其常委会的监督。政府绩效评估结果要面向社会公示,如有重大违规、违纪行为,实行一票否决。将依法行政纳入政府绩效管理法律监督体系,必须坚持立法先行。政府绩效管理,是政府管理模式的创新,是政府自身的一场革命。但由于政府绩效管理目前还缺乏统一的法律、制度和规范,致使各地政出多门,一些地方甚至借机搞"花架子",玩"数字游戏",做表面文章,把绩效评估演变成新的政绩工程。所以搞好政府绩效管理必须坚持立法先行。[1] 根据党的十八届四中全会精神,立法的根本目的在于依法全面履行政府职能,健全依法决策机制,深化行政体制机制改革,坚持严格规范公正文明执法,强化对行政权力的制约和监督,全面推进政务公开,推进国家治理体系和治理能力现代化。立法的基本原则是科学规范、公开公正、注重实效、多元参与、群众满意和可持续发展。立法的内容包括:政府绩效管理的主客体,绩效管理的内容和指标体系,绩效管理的方法和程序,绩效管理结果的使用,绩效管理的法律责任和申诉救济,等等。总之,政府绩效管理从起点、过程到结果,都要有法可依,有章可循,在法律制度的框架下进行。从一定意义上说,这本身就是依法行政。在这点上,舟山市政府是一个良好的范例。舟山市政府依据"三改一拆"的法治精神,将所有"三改一拆"的地区、赔偿标准、工作方法等拆迁计划与规范性

---

①孙洪敏,将依法行政纳入政府绩效管理,南京社会科学,2015年第1期。

文件先行确立并公布上网,体现了接受监督与完善政府管理的决心。

(二)建立和完善政府绩效管理社会监督机制

政府绩效管理也是一种权力的运行。近年来,随着政府绩效管理越来越被党政领导重视,特别是将绩效评估结果与单位、部门和个人的奖金、评优评先及职务晋升相挂钩,政府绩效管理在一些地方成为一种新的博弈行为和政绩焦点。由于绩效考核方式相对落后、评价指标有些空泛、评估主体单一、监督力度不足,以及受领导关系和人情因素影响,政府绩效管理出现了"暗箱操作"、"迁就照顾"、"轮流坐庄"等现象,滋长了消极腐败之风,违背了政府绩效管理的初衷和群众的意愿。社会监督机制的核心是国家权力机关即各级人民代表大会及其常委会依照宪法和法律对国家行政机关及其工作人员的行政管理活动实施的监督。具体说,就是对各级政府及其工作人员在履职中是否坚持有法可依、有法必依、执法必严、违法必纠进行监督。监督范围、内容、结果等要在政府绩效考核指标体系中充分体现,并加以细化、量化和规范,做到该加分的加分,该减分的减分,该一票否决的一票否决。社会监督机制的关键是执法监督。执法监督是社会各界对行政执法的全方位监督。既包括权力机关外在监督,也包括行政机关自身监督,即上级国家行政机关依照法定行政隶属关系对下级国家行政机关及其工作人员的监督,还包括司法机关的监督。此外还有社会组织监督、舆论监督和人民群众监督。同时,政府绩效评估本身也是一种执法监督。实践证明,社会监督治理政府绩效管理模式,弥补了传统的政府自我评估的缺陷,对提高政府绩效评估结果的公信度,建立公民参与公共事务机制,具有重要意义。但因缺乏统一的标准、规范,没有形成制度性保障,所以急需进一步完善。

在"三改一拆"中,由于监督缺乏,出现了许多蛀虫。一些腐败分子企图成为政策中权力寻租的"掘金者"。《江干区征地拆迁领域腐败案例剖析》中展现的杭州市国土资源局江干分局征地拆迁科原科长姚敏等五位干部就是例证。面对这一行为,政府机关内部的监督与处罚则必不可少。衢州市是一个良好的范例。根据《衢州市人民政府法制办公室关于印发〈2016 年度行政执法监督检查工作计划〉的通知》(衢府法发〔2016〕6 号)要求,衢州市对全市"三改一拆"重点领域行政执法案卷开展评查。全市共抽查了 27 件行政处罚案卷参加重点评查,其中衢州市综合行政执法局 7 件,常山县人民政府 5 件,江山市国土资源局 5 件,开化县人民政府 5 件,龙游县人民政府 5 件。这种按照制度的监督与查处行为严厉打击了不正之风。

(三)建立和完善政府绩效管理公众参与机制

近年来,随着"以群众为导向,以绩效为目标、以社会满意度为终极衡量标准"的新型政府治理理念的兴起,关注公众对政府公共服务的满意度评价,成为世界各国公共管理发展的新趋势。公众因而日益成为政府绩效评估的主体。在我国,公众参与政府绩效管理,监督政府依法行政,体现了《宪法》关于"中华人民共和国的一切权力属于人民","人民依照法律法规,通过各种途径和形式,管理国家事务,管理经济和文化事业,管理社会事务"的法律精神,是人民主权原则、基本人权原则和法制原则的真实体现。[1] 建立和完善政府绩效管理公众参与机制,使公众作为一种外部评价力量参与政府绩效评估,既是工具和手段的改革,更是政府管理模式的创新,有利于公众直接表达价值取向和合理诉求,使政府及时、准确地感知民众真正的需求,减少政策上的流弊、私欲与偏差;有利于提升政府绩效评估的客观性、准确性和有

---

[1]刘阳,我国地方政府绩效评估中公民参与问题研究,南昌大学,2012 年。

效性,弥补政府绩效管理机制的缺陷。公众、党政干部和行政机关通过绩效管理实现对政府监督的逻辑起点不同,公众监督的逻辑起点是监督逻辑,党政干部监督的逻辑起点是控制逻辑,行政机关监督的逻辑起点是管理逻辑,三者在绩效评估中所起的作用是管理逻辑>控制逻辑>监督逻辑。① 建立和完善政府绩效管理公众参与机制,就是要提升监督逻辑在政府绩效管理中的作用,强化公众参与和监督的力度。建立和完善政府绩效管理公众参与机制,当前的重点及难点,是网络公共领域中公民参与面临的困境与挑战。由于网络社会的发展,以及网络政治参与的激增与相关法律的滞后,网络舆论监督经常出现'越位'现象。在"三改一拆"过程中,存在部分网络谣言、网络小道消息的传播,影响"三改一拆"公信力。政府应当将网络管理下的依法行政纳入政府绩效管理的过程中,各级党委、政府不仅要努力为公众参与和监督营造宽松的环境,畅通对话形式与渠道,还要通过立法和执法,将公众参与和监督纳入法治轨道。这样"三改一拆"政策才能得到人民的支持,政府的依法行政才有坚实的根基和可靠的保证。杭州市的"三改一拆"政策是一个范例。在杭州市"三改一拆"政策中,杭州市政府要求,要强化监督,逐级公示,广泛征求群众意见,凡通过验收的,必须在本级媒体上公示,公布举报电话,广泛征求广大市民群众的意见,接受公众监督,请老百姓一起把关,然后向市"创建办"提出申报验收;市"创建办"要敢于"挑刺"、严格审核。验收通过后,同样也要公示,接受监督,共同把关,使"无违建"创建工作经得起抽查、经得起暗访、经得起公示,确保创建质量。这一举措良好地呼应了公众对"三改一拆"的监督需求,有助于"三改一拆"工作的顺利进行。

---

① 孙洪敏、刁兆峰,国外地方政府绩效评估及其对我国的重要启示,社会科学辑刊,南京社会科学,2008 年第 6 期。

第六章
法治新常态下法治政府建设

中国共产党十八届四中全会把"研究全面推进依法治国重大问题"确定为会议主题,发布了《中共中央关于全面推进依法治国若干重大问题的决定》,意味着我国迎来了法治建设的新阶段。2015 年 5 月,习近平总书记到浙江考察工作,在谈到法治建设时强调:各地要认真落实全面依法治国,不断在立法、执法、司法、普法上取得实质性进展。其实早在 2006 年 5 月,在时任浙江省委书记习近平主持下,浙江省委十一届十次全会作出了建设"法治浙江"的重大决策,率先开启了法治建设在省域层面的全新探索,为建设"法治中国"提供了宝贵经验和鲜活样本,浙江省也成为国家提出"依法治国"方略及其入宪之后,第一个提出具体法治目标的省级地方。早在 1999 年 11 月,国务院发布《关于全面推进依法行政的决定》,2004 年 4 月,国务院颁布《全面推进依法行政实施纲要》,2008 年 5 月,国务院颁布《关于加强市县政府依法行政的决定》,2009 年 12 月,国务院办公厅颁布《关于推行法治政府建设指标体系的指导意见》。2014 年 5 月,《浙江省法治政府建设实施标准和法治政府建设主要评价指标》颁布实施,从制度建设与实施来看,浙江省在法治政府建设方面已经走在全国的前列。2014 年 9 月 17 日,省委书记夏宝龙到省法学会调研,强调浙江省要"努力在推进依法治国进程中走在前列"。

一、新常态下法治政府建设存在的问题

浙江省在"三改一拆"工作中取得了很大成绩,目前基本形成

比较完善的生态文明制度体系,基本建成生态省,成为全国生态文明示范区和美丽中国先行区。以嘉善县为例,截至2018年底,嘉善县累计拆除违法建筑225.6万平方米,完成量列全市第二,完成比例145.55%,完成三改270.47万平方米,完成量列全嘉兴市第二,完成比例211.3%。尽管成效显著,但是存在的问题也是需要注意的,根据笔者研究,"三改一拆"工作也存在诸多挑战,主要包括:

(1)地方治理结构(党委领导、政府执行、人大监督、政治协商)在"三改一拆"过程中如何在法治轨道上得以贯彻的问题。(2)立法方面,各级政府出台的关于"三改一拆"的规范性文件本身的合法性问题、溯及力问题和效力问题。缺失立法后评估方面的立法,行政程序立法争议较大。(3)法律实施方面,浙江省法治政府建设的主要规范性文件的立法后评估尚未开展。"三改一拆"重大行政决策实体与程序合法性问题,尤其是寺庙道观等宗教场所涉嫌违法建筑整治问题,依法处理"钉子户"的问题,政府、集体与居民(村民)法律关系问题,"三改一拆"中的土地权属、物权确认、拆迁安置、征收补偿、强制拆除问题等。(4)政府职权方面,政府部门的权力清单仍很庞大,与法治政府建设的要求有一定差距,省市县三级政府权力清单的系统化程度低,全省权力清单的管理尚无制度依据。(5)"三改一拆"行动诱发、直接导致和产生的问题,主要包括居民(村民)群体性事件处置问题,越级上访处置问题,宗教信仰自由的法律界限问题,《物权法》、《行政处罚法》、《行政强制法》、《行政诉讼法》、《土地管理法》、《城乡规划法》、《国有土地上房屋征收与补偿条例》之间法律规范衔接、解释和适用问题;"三改一拆"执行案件双轨制并行("申请法院强制执行"与"行政机关自行强制执行")的协调问题;司法独立原则与法院支持"三改一拆"工作的平衡问题。

二、新常态下的法治政府实现路径

随着社会主义法治建设稳步推进,全面依法治国方略的推进愈加迅速。在法治新常态下,依法行政是法治政府建设的主要抓手,法治政府建设是法治中国建设的核心目标,法治中国是依法治国方略的最终目标。在这样的背景下,我国法治政府建设取得了长足的进步,政府依法行政的意识终于树立了起来。但是,法治政府建设与实现的过程不是一蹴而就的,其中必然存在曲折与反复,这就要求我们坚持党中央的正确部署,脚踏实地,从立法、司法、执法各个方面落实依法行政方针。针对我国目前政府行政执法过程中存在的问题,为新常态下的法治政府能够得以建立,笔者针对性地提出了六点建议:完善行政立法程序及立法后评估;推进权力清单"瘦身";强化行政问责;完善行政监察;推进政府信息公开;规范行政裁量权。

(一)完善行政程序立法及立法后评估

立法后评估是世界各国的通行做法,是提高立法质量、维护法制统一、消除法律规范之间矛盾冲突的有效手段,也是检验法律实施效果的重要途径。浙江省早在 2001 年就制定了《浙江省地方立法条例》,2004 年予以修订,对规范浙江省地方立法发挥了重要作用。尽管如此,随着经济社会快速发展,地方性法规和规章的立法质量和实施效果面临一系列问题,有些法规和规章甚至成为经济社会发展的负面因素,亟需通过立法后评估予以修改或废止。

行政程序立法是法治政府的重要标志。行政程序法是行政行为的基本法,是规定行政主体实施行政行为的方式、过程、步骤、时限,调整行政主体与行政相对人在行政管理过程中发生的关系的法律规范系统,在控制公共权力滥用,保护人权,保护公民的基本权利和自由,规范行政行为,维护市场竞争秩序,规范和简化行政程序,提高行政效率方面作用巨大。目前,已经有专家学者经过多年研究推出了《中华人民共和国行政程序法》专家建议稿,但是受各种因素制约,短期内国家的《行政程序法》尚不能出台。在此情况下,一些省份立法先行,湖南省和山东省先后于2008年和2011年制定了《湖南省行政程序规定》和《山东省行政程序规定》,做了有益探索。浙江省人民政府2015年立法工作计划中已经将《浙江省重大行政决策听证规定》列入其中,笔者参与了相关立法论证会,5月18日,常务副省长袁家军主持召开了《浙江省重大行政决策规定》论证会。由于行政程序立法内容极其复杂,立法要求极高、难度极大,所以目前该草案的名称、内容、结构等都存在诸多争议。

浙江省已经于2014年5月颁布实施了《政府立法项目前评估规则》,为政府立法的合法性、科学性和实效性提供了有力保障,在推进浙江省法治政府建设中起到积极作用。立法后评估是检验立法质量和法律实施效果的重要手段,目前,省政府的立法后评估工作也逐步地在开展。但是,对于在法治政府建设中起重要作用的《浙江省法治政府建设考核评价体系》(以下简称《考核评价体系》)和《浙江省法治政府建设实施标准》(以下简称《实施标准》),尽管已经实施了很长时间,对其进行立法后评估还未展开,从一定程度上失去了对政府立法的反思与修正机会,从而可能影响浙江省的法治政府建设。

针对缺失立法后评估方面的立法和行政程序立法争议较大的问题,建议遵照《浙江省地方立法条例》规定的条件和程序,分别由省人大常委会组织起草《浙江省地方性法规立法后评估办法》,由省政府组织起草《浙江省政府规章立法后评估办法》。建议省政府法制办组织人员近期对湖南、山东两省行政程序规定运行情况进行实地考察,借鉴其经验、吸取其教训;邀请《中华人民共和国行政程序法》建议稿起草小组主要成员及其他著名专家与《浙江省行政程序规定》起草小组成员以及浙江省政府立法咨询专家召开专门研讨会,进而制定一部高水平的《浙江省重大行政决策规定》,推进浙江省的法治政府建设,为国家《行政程序法》的出台提供地方经验。

建议该评估由浙江省政府法制办牵头,通过招投标项目的形式,由第三方进行以质量评价为核心的系统评估。主要应当对《考核评价体系》的制度质量、行政行为规范、执行力、透明度、社会公众参与、矛盾与纠纷解决、公务人员法律意识、廉洁从政等板块以及每个板块涉及的具体指标进行评估,以期达到以下目标:(1)体系的阶段性和长期性。法治政府建设指标体系既要能够满足当下评测的需要,又要对 2020 年法治政府的建成有前瞻和指导作用。(2)指标的合法性和地方性。指标体系的内容既要遵循和贯彻《国务院关于加强法治政府建设的意见》等上位规范,又不能拘泥、局限或照搬上位规范依据,而要结合浙江省地方特色,面对浙江省情,解决问题。(3)指标的专业性和公允性。各项指标的测算和评估既要考虑评测机构的专业性和权威性,又要征求行政相对人的普遍性意见和社会评价,尤其是对浙江省社科院牵头实施的内部评价、专业机构评估和社会满意度测评提供应用对策参考。同时,由于浙江省法治政府建设步伐较快,制度日益完善,政府可以考虑建立和优化系统的立法工作机制,主要包括:立法前评估工作机制,立法中专家咨询工作机制,立法中听证工作机制,立法中合法性审查工作机制和立法后评估工作机制。

同时,我们也应当对行政立法行为进行监督,避免其所具有的潜在危险以及对其的误用和滥用是保障行政立法权合法运行的关键。目前,我国主要是通过法规规章的备案和清理制度来实现这一监督目的。法规规章的备案审查是通过政府层级监督的方式对行政立法行为予以监督的,它承载着某种程度的合法性控制机能。最近几年,国务院通过备案审查的方式查处了一系列存有问题的法规、规章,维护了国家的法制统一。据不完全统计,2008年,国务院共收到备案登记的地方性法规374件、地方政府规章581件、国务院部门规章152件,经审查对存在问题的44件进行了不同方式的处理。2009年国务院共收到备案登记的地方性法规637件、地方政府规章537件、部门规章161件,并对经审查发现存在问题的37件法规规章作了处理。2010年国务院共收到备案登记的地方性法规632件、地方政府规章570件、部门规章161件,对31件与上位法相抵触、违法设立优惠政策和管理措施、违反世贸组织规则、搞地区封锁和部门垄断以及其他不符合备案要求的规章进行了不同方式的处理。2011国务院共收到备案登记的法规规章1429件,对其中1399件进行了备案登记,对其中21件不予备案登记,9件暂缓办理备案登记,国务院法制办对发现问题的规章予以纠正,该修改的修改,该废止的废止,努力做到"有件必备,有错必纠"。而在地方层面,目前我国31个省级政府、90%以上的市级政府和80%以上的县级政府,都已经建立了规范性文件备案审查制度,地方"四级政府、三级监督"的规范性文件备案审查体制初步形成。① 国务院法制办和一些地方、部门,也已相继建立了备案统计分析报告、备案审查征求意见、制定机关说明情况以及备案审查情况通报、向社会公开等制度,并完善了报备格式与程序。在"三改一拆"过程中,各地政府均做到了拆迁文件公开,拆迁法规公开,拆迁补偿公开等公开,促进了"三改一拆"中法治政府的发展。如浙江省司法厅会同浙江省人大法工委、浙江省住建厅、浙江省法制办联合召开《浙江省违法建筑处

---

①杨小军,张鲁萍:我国法治政府建设的回顾与展望,社会主义研究,2013年第2期。

置规定》新闻发布会,就执法标准、执法程序、拆除方式、责任追究等,向全社会发布。同时还组织编写、印制《"三改一拆"法律知识100问》,制作"三改一拆"宣传挂图并专门摄制公益普法宣传片,免费发放到浙江省各地。在浙江省开展《流动大舞台——普法宣传浙江行》法律服务"三改一拆"专场演出。运用各种新媒体,滚动式、不间断宣传"三改一拆"政策法规。

(二)推进权力清单"瘦身"

目前,在政府职权方面,浙江省政府部门权力清单仍然较大,与法治政府建设的要求有一定差距,省市县三级政府权力清单的系统化程度低,全省权力清单的管理尚无制度依据。2014年6月25日浙江省政府部门权力清单在浙江政务服务网上公布,省政府各部门共保留行政权力4236项,其中直接行使1973项,委托下放和实行市、县属地管理为主2255项,共性行政权力8项。但是,本次公布的权力清单中仍然有214项不符合权责法定原则,却暂予保留的权力事项。目前,虽然基本实现了对省市县三级政府所有权力事项的规范化、目录化、动态化管理,但是省市县三级政府权力清单的系统化程度低,甚至存在不协调的情况。另外,由于浙江省列举权力清单的举措走在全国前列(受到李克强总理的高度称赞),没有可供借鉴的先例,尤其是缺乏对权力清单进行管理的制度依据。

推进权力清单"瘦身"工作,应尽快开展省市县三级政府权力清单的系统化比对工作,制定浙江省权力清单的管理办法。建议由浙江省机构编制委员会办公室牵头,省政府法制办协调,对本次公布的权力清单中仍然保留的214项不符合责权法定原则,却暂予保留的权力事项进行逐项分析梳理,将结果呈报省长及浙江省机构编制委员会。对于合理却无法律依据的项目,通过立法予以确认和规范,对于明显不符合法律原则和行政法治精神的,予以取消。建议由浙江省政府法制办牵头,地方各级法制部门配合,聘请若干专家,组织专项工作组,开展省市县三级政府权力清单的系统化比对工作,通过查漏、补缺、删减等方式,建立规范的政府权力清单目录体系。建议由浙江省机构编制委员会办公室牵头,在开展立法前评估的基础上,起草《浙江省政府部门权力清单管理办法》,依照立法程序尽快出台该办法,对权力清单的管理主体、管理客体、管理内容、动态调整机制、考核评价机制做出明确规定。

(三)通过强化行政问责,加强责任政府建设

行政问责,是对政府官员行使或不行使公权力的行为及造成的不良后果依法追究责任的制度。该制度通过责任约束,使政府官员的行为处于监督之下,有助于增强政府官员的责任意识,是建设责任政府、法治政府的保障。近年来,在制度层面,我国行政问责法制建设快速发展,从中央到地方,先后制定了一系列行政问责方面的法律和政策文件,如《行政监察法》、《公务员法》、《关于实行党政领导干部问责的暂行规定》等。[1] 尤为可喜的是,许多省市十分重视行政问责立法工作,相继颁布、实施了一大批关于行政问责的地方性规章,有效保障了行政问责活动的顺利开展。如长沙市率先于 2003 年 7 月 15 日颁布了《长沙市人民政府行政问责制暂行办法》,重庆市于 2004 年 5 月 13 日颁布了《重庆市政府部门行政首长问责暂行办法》,海南省于 2005 年 1 月 30 日颁布了《海南省行政首长问责暂行规定》,安徽省于 2007 年 6 月 16 日颁布了《安徽省人民政府行政问责暂行办法》,广东省于 2008 年 9 月 1 日颁布了《广东省各级政府部门行政首长问责暂行

---

①杨小军、张鲁萍,我国法治政府建设的回顾与展望,社会主义研究,2013 年第 2 期。

办法》。这些地方规章明确规定了行政问责的原则、范围、方式、程序、救济等关键问题,丰富和发展了我国的行政问责法律制度,促进我国行政问责制的实践不断向纵深推进,实现了问责方式由"上级问责"向"制度问责"转变,问责对象从违法违纪官员向不作为的公务员深化,问责范围从安全生产领域向其他领域推进。而在实践层面,一些重大事件也推动着行政问责的发展,继2003年非典事故行政问责之后,问责日益发展为我国政治生活中的重要组成部分之一,2008年被一些媒体称为"问责年",山西临汾溃坝事故、三鹿"毒奶粉"事件、河南登封矿难、深圳"9·20"火灾等事件后,一批相关的政府工作人员被追究责任。如果说2003年非典疫情的爆发成为触发问责正式发展的导火索事件,那么2011年发生的"7·23"甬温线特别重大铁路交通事故则构成我国问责的发展进程中的另一标志性事件,因为无论是问责的广度、深度、程序、方式乃至整个问责的过程,都逐渐向法治化转变,其所具有的"标本式"意义无疑值得我们重视。总体而言,我国行政问责经历了由权力问责到制度问责、由事故问责到行为问责、由同体监督问责到异体问责,由"运动式"问责到规范化问责发展历程。行政问责成为行政权力行使的一种构成性因素和一种内在的监督机制。[①] 在"三改一拆"活动中,问责机制也大放光彩。如兰溪市出台《"三改一拆"工作问责办法》。在《办法》中,工作中存在以下九种行为,要追究相关责任:一是因工作失职、渎职,给本地区本单位造成严重不良影响的直接责任者和主要领导者;二是对党委、政府的"三改一拆"工作部署消极对待或相互推诿、落实不力的;三是在拆违行动中,因拆违方案不完善或处置不当、失职,导致发生重大事件或恶劣影响的;四是瞒报、拒报、弄虚作假、歪曲

---

① 曹鎏,从温州动车事故处理看我国行政问责制的发展,行政法学研究,
　2012年第1期。

事实真相,包庇纵容违法建筑的;五是直接或间接授意建房户进行违法建房,造成不良后果的;六是采取消极态度干扰、阻碍上级部门和媒体调查,导致工作进展难度增大的;七是上级及有关媒体对典型案例曝光督办,要求反馈调查处理情况,未及时处置或久拖不决的;八是为违法者说情、打招呼,甚至充当保护伞,影响公正办案的;九是其他需要问责的问题。这一规定是"三改一拆"行政问责的良好范例。

(四)通过完善行政监察,加强廉洁政府建设

如果说行政问责是一种事后的监督方式,那行政监察则是行政机关主动专门的监督行为。行政监察是反腐倡廉建设的重要部分,是推进政府自身建设的重要力量。2010 年 6 月经全国人大常委会修改的《行政监察法》,扩大了监察对象范围,完善了举报制度,强化了监察机关的责任,确立了监察机关对派出机构实行统一管理的体制,明确了监察机关依法公开监察工作信息的义务,增加了监察机关可以提出问责处理、完善廉政勤政制度两项监察建议的情形。而为加强对财政收支的监督管理,国务院又修订了《审计法实施条例》,增加了财政资金运用跟踪审计范围和专项审计调查范围,并且加强了对审计机关自身的监督。监察部近日印发的《2012 年行政监察工作要点》也明确提出要坚决纠正违法违规强制征地拆迁问题和食品(事件)的责任追究力度,对行政不作为、慢作为、乱作为造成不良后果和恶劣影响的严肃处理等。对行政主体执法、廉政、效能情况进行监察,已经成为监察机关开展工作的主要内容,也是全面履行监察职能的主要方式。① "三改一拆"行动中,纪委的监察也良好地保证了行动的立法进行,如

①新华社,监察部就修改《中华人民共和国行政监察法》答问 http://www.
gov.cn/jrzg/2010—07/28/content_1666128.htm,2010 年。

桐乡市纪委通报了3起涉及"三改一拆"的违纪案件。大麻镇光明村村委会副主任夏继英没有制止其家人违法建房,受到党内严重警告处分;濮院镇新濮村原党总支书记邱明华违规多占宅基地,受到党内严重警告处分;新濮村村委会副主任贝智强工作失职,受到党内警告处分;洲泉镇马鸣村违法用地监管失职,马鸣村党总支书记屠香荣受到党内严重警告处分,镇"三改一拆"办副主任、镇"两违"快速拆违组组长沈建林受到党内警告处分,等等。党内监察的开展有助于工作的顺利进行。

(五)通过推进政府信息公开,加强阳光政府建设

所谓政府信息公开,是指各级行政机关主动或被动地将在行政过程中掌握的政府信息依法定的范围、方式、程序向社会公开,以便社会成员获取和使用。政府信息公开是提高行政透明度,建设阳光政府,从源头上遏制和预防腐败,全面和深入地推进依法行政的基本要求。[①] 也正是通过政府信息的公开,解决了行政机关和行政相对人间因信息占有不对称、信息量不平等而影响有效性参与的问题。自2008年5月1日《政府信息公开条例》实施以来,我国政府信息公开实践亦取得了不小的成绩。国务院各部门和地方政府为了贯彻实施《条例》和《国务院办公厅关于施行〈政府信息公开条例〉若干问题的意见》,大力推进政务公开,加快政府门户网站的建设步伐,健全政府信息主动公开工作机制、完善政府信息公开年报制度、推进政府信息公开目录和指南的编制、更新、补充工作,拓宽信息公开的渠道。而随着汶川地震抢险救灾过程中信息及时全面的公开、新疆阿勒泰的"官员财产公示"、浙江温岭的"阳光预算"、四川白庙乡的"全裸账本"和中央部委"三公"经费的公开,我国政府信息公开也已走过了从敢公开到细

[①] 莫于川,行政公开法制与服务型政府建设,法学杂志,2009年第4期。

公开、从中央层面的公开到地方层面的公开、从结果公开到过程公开的历程。

(六)通过规范行政裁量权,加强对行政执法行为的监督

依法行政的重心在于行政执法,而行政执法过程中行政裁量权的行使又是不可避免的。对行政裁量权进行规范,是制度上防止腐败、防止滥用权力的重要措施,是实现合理行政的基本途径,当然也是依法行政的基本要求。我国自 2004 年发布《纲要》以来,无论是在制度层面还是在实践层面都努力通过对行政裁量权的规范,杜绝了行政执法权的滥用。首先,在制度层面,全国各部委和省级政府纷纷制定了规章或规范性文件,对有裁量幅度的行政处罚、行政许可条款予以细化和量化。2010 年《湖南省规范行政裁量权办法》作为我国第一部全面规范行政自由裁量权的省级政府规章,对行政裁量权基准制度、案例指导制度等方面都作出了较为细致的规定,而 2012 年住房和城乡建设部印发的《关于规范城乡规划行政处罚裁量权的指导意见》,亦对规范城乡规划行政处罚裁量权,维护城乡规划的严肃性和权威性,促进依法行政起到积极的作用。其次,在实践层面,各地通过对基层行政执法经验的提炼、细化、量化而成的行政裁量基准,为行政机关具体的裁量活动提供相对统一的行动标准,对行政裁量权的膨胀与滥用具有积极的遏制功效。[①] 行政程序是行政机关实施行政行为所必须严格遵循依法事先规定的方式、步骤、顺序、时限等,程序的公正是行政行为公正的重要保障。[②] 近年来,通过严格的行政程序限定政府的权力成为行政法学者和民众关注的热点。从立法上看,2008 年湖南省讨论通过了的中国首部地方行政程序立

---

①章志远,行政裁量基准的兴起与现实课题,当代法学,2010 年第 1 期。

②马凯,关于建设中国特色社会主义法治政府的几个问题,国家行政学院学
　报,2011 年第 5 期。

法——《湖南省行政程序规定》,是一部具有"中国民主与法制史上具有重要的里程碑意义"的地方规章。而继《湖南省行政程序规定》施行 3 年之后,山东省于 2011 年出台了我国第二部规范行政程序的省级政府规章——《山东省行政程序规定》,其最为引人注目的制度创新体现在其为提高行政效能所做的期限制度改革尝试。地方立法纷纷试点成功,无疑为全国范围内制订一部统一的行政程序法典奠定了基础。而除了专门的程序立法外,法律、法规和规章中关于加强行政程序的规定也在逐渐增多,行政程序制度逐步健全。在具体的行政执法过程中,各级政府及其部门在执法中也更加注重遵守程序,按程序办事的理念逐步加强。近几年政府所要求的"阳光执法",即是以"执法为民"为宗旨,以"公开透明"和"社会监督"为特征,以实现行政执法过程中规范化和公开化为目标。行政机关在作出对行政管理相对人、利害关系人不利的行政决定之前的告知、听证和回避制度的落实均是对行政程序的重视。通过制定规范实行行政管理是宪法和组织法赋予行政机关的一项基本权力。在一定意义上说,制定规范就是权力自限,就是限制自由裁量权。《浙江省"三改一拆"行动违法建筑处理实施意见》的出台即是对"三改一拆"实行规范管理的典型例证,该《实施意见》细化了违法建筑的认定标准,明确了违法建筑拆除的主体、程序、保障措施等,这些都有助于规范处理违法建筑的行政裁量权,实现权力自限。地方政府工作人员不为蛊惑所动,恪守"法律面前人人平等",坚决排除"法外之地",不偏不倚,公平裁量。在"三改一拆"过程中,善于沟通、说服和引导,正是坚持群众路线的集中体现和实践。

三、建立"诉访分离,法定途径优先"制度

信访制度,是我国的一项非常规的权利救济途径,在特定的

历史时期发挥了积极的作用,但是随着我国法治国家的建立,法律法规的不断完善,大部分上访事件都能够依靠法律途径加以解决。但是由于我国部分公民未树立法律信仰,对于法的公平性持怀疑态度,即使是涉法涉诉案件也不愿通过法律途径解决,而希望借助上访渠道。这就直接对社会的稳定性产生了不良影响,也使当事人的权利保障产生了极大的不确定性。因此,在法治新常态下,建立"诉访分离,法定途径优先"制度势在必行。

(一)"诉访分离,法定途径优先"的基本内涵与要求

"诉访分离,法定途径优先"提出的背景在于行政信访所面临的困境和压力。地方信访问题所凸显的悖论特性十分明显,即一方面国家鼓励民众通过正常的信访渠道来表达利益诉求,这是《宪法》所规定的批评、建议、申诉、控告和检举的权利在具体实践中的体现;另一方面国家又不希望民众过度地涌向信访救济,进而改变"信访不信法"的残酷现实状况。在既已形成的政治生态背景下,断然废除信访制度,固然可以化解因信访而导致的无序利益表达问题,降低地方政府治理压力,但同时面临民众基本权利实现途径关闭的风险。强化信访制度不可避免地导致司法救济甚或其他社会救济方式弱化,司法程序被忽视,司法权威被弱化。因此,出于一个"折中"的考虑,学界的主流观点,以及国务院《信访条例》和各省市自治区出台的《信访条例》均采取了"诉访分离,法定途径优先"的制度安排。

1."诉访分离,法定途径优先"的法律依据

2005年1月5日,国务院令第431号公布《信访条例》,其中第十四条(信访事项)第二款规定,"对依法应当通过诉讼、仲裁、行政复议等法定途径解决的投诉请求,信访人应当依照有关法律、行政法规规定的程序向有关机关提出"。该条款所规定的内容是"诉访分离,法定途径优先"的主要依据。

近年来,信访改革和信访法治化成为党和国家战略布局中的一个重要主题。2013 年 11 月,中共十八届三中全会《中共中央关于全面深化改革若干重大问题的决定》提出,"改革信访工作制度,实行网上受理信访制度,健全及时就地解决群众合理诉求机制。把涉法涉诉信访纳入法治轨道解决,建立涉法涉诉信访依法终结制度"。2014 年 10 月,中共十八届四中全会《中共中央关于全面推进依法治国若干重大问题的决定》提出,"把信访纳入法治化轨道,保障合理合法诉求依照法律规定和程序就能得到合理合法的结果"。

2014 年 2 月,中共中央办公厅、国务院办公厅印发了《关于创新群众工作方法解决信访突出问题的意见》。第 9 点提出"充分发挥法定诉求表达渠道作用","按照涉法涉诉信访工作机制改革的总体要求,严格实行诉讼与信访分离,把涉法涉诉信访纳入法治轨道解决,建立涉法涉诉信访依法终结制度。各级政府信访部门对涉法涉诉事项不予受理,引导信访人依照规定程序向有关政法机关提出,或者及时转同级政法机关依法办理。完善法院、检察院、公安、司法行政机关信访事项受理办理制度,落实便民利民措施,为群众提供便捷高效热情服务。完善诉讼、仲裁、行政复议等法定诉求表达方式,使合理合法诉求通过法律程序得到解决。加强司法能力建设,不断满足人民群众日益增长的司法需求,让人民群众在每一个司法案件中都感受到公平正义"。

2014 年 3 月,中共中央办公厅、国务院办公厅印发《关于依法处理涉法涉诉信访问题的意见》。《意见》进一步明确"实行诉讼与信访分离制度","把涉及民商事、行政、刑事等诉讼权利救济的信访事项从普通信访体制中分离出来,由政法机关依法处理。各级信访部门对到本部门上访的涉诉信访群众,应当引导其到政法机关反映问题;对按规定受理的涉及公安机关、司法行政机关的涉法涉诉信访事项,收到的群众涉法涉诉信件,应当转同级政法机关依法处理"。为深入贯彻落实中央有关文件精神,最高人民检察院于 2014 年 8 月 28 日出台了三个配套办法,即《人民检察院控告申诉案件终结办法》《人民检察院司法瑕疵处理办法(试行)》《人民检察院受理控告申诉依法导入法律程序实施办法》。

2."诉访分离"的学术讨论

学术界对"诉访分离"的研究从两个方面展开。

一是外部分离。诉讼与信访的外部分离就是将涉诉信访从国家信访体系中剥离出来,让涉诉信访独立于普通信访。所有涉及民事、行政、刑事等诉讼权利司法救济的信访事项,都由司法机关依法统一进行处理,国家信访部门不再受理涉诉信访事项。诉讼与信访外部分离,要求国家信访部门与司法机关准确划分普通信访与涉诉信访的界限,对当事人信访事项进行认真甄别,根据信访事项的性质和具体内容,分别将其导入普通信访渠道或者司法渠道进行处理。诉讼与信访的外部分离意味着国家信访部门不再受理应当由司法机关处理的信访事项,对于群众信访中涉及的司法问题,信访部门应告知当事人到司法机关反映;同时,信访部门也不再负责协调司法机关处理涉诉信访事项。诉讼与信访外部分离的最终目的,就是要让司法的归司法、行政的归行政。外部分离是实现诉讼与信访彻底分离的基础。

二是内部分离。诉讼与信访的内部分离是在外部分离的前提下,人民法院对于当事人或者其他利害关系人反映的有关涉诉信访事项进行审查,符合法律规定的,进入诉讼程序依法进行处理;不符合法律规定的,不再启动复查程序,并向当事人或者其他利害关系人做好解释说明工作。诉讼与信访的内部分离,实质上就是将诉讼程序内解决的问题与诉讼程序外解决的事项区分开来,把应当通过诉讼程序解决的事项纳入到诉讼程序中来,严格按照法定程序对涉诉信访问题作出裁判;而将已经穷尽法律程序、涉诉信访人反映的问题已经依法得到公正处理的信访事项排除在诉讼程序之外。内部分离的最终目的是保障诉讼程序独立于涉诉信访途径之外,让诉讼的归诉讼、信访的归信访。

　　根据《浙江省信访条例(修订草案)》第三条的规定,"本条例所称信访,是指公民、法人和其他组织对涉及政府职能或者有关单位和人员职务行为的问题,向行政机关反映情况,提出建议、意见或者有关投诉请求的活动"。本研究所指涉的"诉访分离"应当界定为外部分离,即行政与司法权限划定基础上的信访与诉讼的分离。其具体表现为三个层面的分离:(1)事项分离。我国现行的《民事诉讼法》[①]、《刑事诉讼法》、《行政诉讼法》[②]以及《行政复议法》[③]、《仲裁法》[④]、《行政监察法》[⑤]等规范性法律文件规定了各自的受理事项,这些事项与国务院《信访条例》所规定的信访事项有所区分,在实践中首先应当识别争议事项的属性,从而确定是否采用信访的方式予以受理和解决。(2)主体分离。在国家机构体系中,权力机关、行政机关、司法机关和检察机关均设有信访部

①《民事诉讼法》第二条规定:"人民法院受理公民之间、法人之间、其他组织之间以及他们相互之间因财产关系和人身关系提起的民事诉讼,适用本法的规定。"

②《行政诉讼法》第二条规定:"公民、法人或者其他组织认为行政机关和行政机关工作人员的行政行为侵犯其合法权益,有权依照本法向人民法院提起诉讼。"

③《行政复议法》第二条规定:"公民、法人或者其他组织认为具体行政行为侵犯其合法权益,向行政机关提出行政复议申请,行政机关受理行政复议申请、作出行政复议决定,适用本法。"第六条以列举的方式进一步明确行政复议的范围(详见下文)。

④《仲裁法》第二条规定:"平等主体的公民、法人和其他组织之间发生的合同纠纷和其他财产权益纠纷,可以仲裁。"

⑤《行政监察法》第六条规定:"监察工作应当依靠群众。监察机关建立举报制度,公民、法人或者其他组织对于任何国家行政机关及其公务员和国家行政机关任命的其他人员的违反行政纪律行为,有权向监察机关提出控告或者检举。监察机关应当受理举报并依法调查处理;对实名举报的,应当将处理结果等情况予以回复。"

门,受理和解决属于本机关职权范围内的信访事项,因此,主体分离是"诉访分离"的应有之义,即涉及管理公共事务的信访事项才由行政机关受理,其他信访事项由其他机关受理。对此,国务院《信访条例》第十五条规定,"信访人对各级人民代表大会以及县级以上各级人民代表大会常务委员会、人民法院、人民检察院职权范围内的信访事项,应当分别向有关的人民代表大会及其常务委员会、人民法院、人民检察院提出"。(3)途径分离。在事项和主体分离的基础上,信访途径与其他争议解决途径也应当分离。当事人不能就同一事项同时启动两种程序,而只能择一进行,并且在先后位次上,其他争议解决途径应当优先于信访途径。无论是当事人还是信访部门,应当先判断争议事项有无其他法定解决途径,如果能够提供诉讼、仲裁、行政复议、行政监察等法定途径解决的,当事人应当向法院、仲裁机构、行政复议机关和行政监察机关提出,信访部门也应当明确告知当事人向有关机关提出,这就是与"诉访分离"密不可分的"法定途径优先"。

3."诉访分离,法定途径优先"的法理基础

实行"诉访分离"的基本要求就是在明确"诉"与"访"边界的基础上,确定各自的受理范围。"诉访分离"的标准可以从两个方面来确立:一是诉访分离的实质要件,即以信访人诉求的具体内容为标准,区分为与诉讼相关的请求和与诉讼无关的诉求,前者纳入司法渠道之中,后者纳入信访渠道之中。当然,这里的"诉"作广义的理解,既包括法院的诉讼渠道,也包括调解、仲裁、行政复议等法定途径。二是诉访分离的形式要件,即以诉访程序是否穷尽为标准,诉讼程序没有穷尽的,当事人的诉求应当在司法渠道内解决。当事人不服已经发生法律效力的裁判,也应当启动再审等法定程序,而不得转向信访。诉讼途径所不受理的涉及管理公共行政事务的事项,当事人的诉求才可以在信访渠道内解决。

"法定程序优先"中的"法定途径",是指国家法律对于公民、

法人或者其他组织提出的信访诉求所分别规定的诉讼、仲裁、行政复议，以及行政裁决、行政监察、国家赔偿等权利救济途径。判定"法定途径"的标准，一是要有法律、法规、规章规定，二是有明确的主体、时限和操作程序，三是办理结果具有法律效力。法定途径优先原则是指群众提出诉求时，只要现行法律对诉求的处理途径已经作出规定的，各级人民政府及其工作部门、有关方面都应当优先考虑通过既有的法定途径解决问题，而不要通过信访程序处理，不能以信访程序代替法律程序。只有法律对处理途径没有作出规定的诉求，才依照信访程序予以受理和办理。

"诉访分离，法定途径优先"的制度安排在法理上具有下述优势：第一，实现权力的合理配置。地方人大选举产生地方政府、法院和检察院，各自行使相应的权力，执行相应的职权。换句话说，不同的国家机关享有不同的权力，承担不同的使命，诉访分离将解决纠纷的事权按照纠纷的性质进行合理配置。第二，缓解行政信访的受理压力。长期以来行政信访受理事项不明，以及信访成本相对较低，导致行政信访不堪重负，既影响信访工作的正常秩序，也不利于当事人权利的及时实现。"诉访分离，法定途径优先"将能够采用其他"法定途径"解决的纠纷排除在行政信访之外，直接缓解行政信访的受理压力。第三，维护司法的权威尊严。司法救济的意义在于，通过诉讼程序来呈现当事人的异议和不满，并通过受到诉讼过程决定的裁判结果来回应当事人的诉求，从而化解纠纷。这种看得见的正义实现方式，有助于确保事实认定符合客观真相，裁判结果符合实体公正。将属于三大诉讼法受案范围的事项优先采用诉讼的方式解决，能够避免行政机关的干涉，实现同案同判，从而维护司法的权威和尊严。

总而言之，诉访分离既是一种外部分离，也是一种内部分离。诉访分离不是截然对立的分离，而是辩证的分离：是程序分离与解决问题的目标的合一的有机统一。从实质要件看，外部分离是前提,信访人的案内诉讼请求纳入诉讼程序,案外利益诉求纳入信访程序。从形式要件看,诉讼程序尚未终结的,当事人提出的诉讼在程序中解决,诉讼程序已经终结的,信访人不再具有案件当事人身份,应当在信访程序中提出诉求。

(二)"诉访分离,法定途径优先"的实践述评

"三改一拆"行动涉及党委、政府、人大、政协以及行政相对人等多方面的利益主体,如果缺乏完善的制度保障,公民个人权利容易受到公权力的侵犯。尽管大部分情况都被纳入司法程序中,但是不得不承认,许多行政相对人更倾向于走信访途径来维护自身权利。因此,通过检索部门规章和地方性法规,考察各行政部门和各省市在处理"诉访分离,法定途径优先"问题时的制度设计,从而为浙江省的立法活动提供参考和借鉴,将有利于构建符合浙江省实际情况的诉访分离制度。

1.部门规章

《公安机关信访工作规定》(2005 年 8 月 18 日,公安部令第79 号)第二十二条第一款规定,"对不属于公安机关职权范围的信访事项,或者依法应当通过诉讼、仲裁、行政复议等法定途径解决的信访事项,不予受理,并告知信访人向有关机关提出或者依照法定程序提出"。《国土资源信访规定》(2006 年 1 月 4 日,国土资源部令第 32 号修订公布)第二十一条第一款规定,"(一)已经或者依法应当通过诉讼、仲裁、行政复议等法定途径解决的信访事项,应当告知信访人依照有关法律、行政法规规定的程序向有关机关提出;(二)属于各级人民代表大会及其常务委员会、人民法院、人民检察院职权范围内的信访事项,应当告知信访人分别向有关的人民代表大会及其常务委员会、人民法院、人民检察院提出;(三)依法不属于国土资源管理部门职权范围内的信访事项,应当告知信访人向有权处理的部门或者人民政府提出"。《环

境信访办法》(2006年6月24日,国家环境保护总局令第34号)
第二十二条第一款规定,"对不属于环境保护行政主管部门处理
的信访事项不予受理,但应当告知信访人依法向有关机关提出。
对依法应当通过诉讼、仲裁、行政复议等法定途径解决的,应当告
知信访人依照有关法律、行政法规规定程序向有关机关和单位提
出"。《卫生信访工作办法》(2007年2月16日,卫生部令第54
号)第二十条规定,"对依法应当通过诉讼、仲裁、行政复议解决的
卫生信访事项,应当告知信访人向司法机关、仲裁机构、行政复议
机关提出;对已经进入诉讼、仲裁、行政复议程序的卫生信访事
项,应当告知信访人依照法律规定的程序提出"。《民政信访工作
办法》(2011年7月1日,民政部令第43号),第十八条第二款规
定,"已经或者依法应当通过诉讼、仲裁、行政复议等法定途径解
决的信访事项,应当告知信访人依照有关法律、行政法规规定的
程序向有关机关提出。依法不属于民政部门业务范围的事项,应
当口头或者书面告知信访人向有权处理的人民政府或者部门提
出"。

　　2.地方性法规

　　《天津信访工作若干规定》(2005年10月21日,天津市第十
四届人民代表大会常务委员会第二十三次会议通过)第八条规
定,"信访人对属于国家权力机关、行政机关、审判机关、检察机关
职权范围内的信访事项,应当分别向有关机关提出。对依法应当
通过诉讼、仲裁、行政复议等法定途径解决的投诉请求,信访人应
当依照有关法律、法规规定的程序向有关机关提出"。《湖北省信
访条例》(2005年11月26日,湖北省第十届人民代表大会常务委
员会第十八次会议通过)第十九条规定,"依法应当通过诉讼、行
政复议、仲裁解决的信访事项,信访人应当依法向司法机关、行政
复议机关、仲裁机构提出"。第二十一—二十三条分别规定权力机
关、行政机关、司法机关和检察机关受理的信访事项。《上海市信

访条例》(2012 年 12 月 26 日,上海市第十三届人民代表大会常务委员会第三十八次会议第二次修订)第十六条规定,"依法应当通过行政许可等行政程序处理或者依法可以通过诉讼、仲裁、行政复议等法定途径解决的事项,信访人应当依照法定程序向有关国家机关或者机构提出"。第二十九—四十四条分别规定权力机关、行政机关、司法机关和检察机关受理的信访事项。《广东省信访条例》(2014 年 3 月 27 日,广东省第十二届人民代表大会常务委员会第七次会议通过)第二十五条规定,"信访人提出信访事项,应当分别向有权处理的人民代表大会常务委员会信访工作机构、人民政府信访工作机构、人民政府工作部门、人民法院、人民检察院提出"。第三十条规定,"公民、法人以及其他组织就下列事项向国家机关请求权利救济的,应当依照诉讼、仲裁、行政复议等法定程序向有关机关提出:(一)公民、法人以及其他组织之间的民事纠纷和国家机关参与民事活动引起的民事纠纷,当事人协商不成的,依照《仲裁法》《民事诉讼法》的规定向仲裁委员会申请仲裁或者向人民法院提起民事诉讼;(二)对行政机关的具体行政行为不服的,依照《行政复议法》《行政诉讼法》等法律的规定向行政复议机关申请行政复议或者向人民法院提起诉讼;(三)土地、林地、林木所有权和使用权纠纷,当事人协商不成的,依照《土地管理法》《森林法》的规定由有关人民政府处理;对有关人民政府的处理决定不服的,依照《行政复议法》《行政诉讼法》等法律的规定向行政复议机关申请行政复议或者向人民法院提起诉讼;(四)农村土地承包经营纠纷,依照《农村土地承包经营纠纷调解仲裁法》的规定请求村民委员会、乡(镇)人民政府等调解;当事人和解、调解不成或者不愿和解、调解的,向农村土地承包仲裁委员会申请仲裁或者向人民法院起诉;(五)劳动者与用人单位之间的劳动纠纷,依照《劳动争议调解仲裁法》的规定向调解组织申请调解;不愿调解、调解不成或者达成调解协议后不履行的,向劳动争议仲裁委员会申请仲裁;对不属于终局裁决的仲裁裁决不服的,向人民法院提起诉讼;对属于终局裁决的仲裁裁决不服的,向人民法院申请撤销裁决;(六)对仲裁委员会作出的仲裁裁决不服的,依照《仲裁法》《民事诉讼法》的规定向人民法院申请撤销仲裁裁决或者裁定不予执行仲裁裁决;(七)对人民法院已经发生法律效力的民事判决、裁定、调解书不服的,依照《民事诉讼法》的规定向人民法院申请再审;人民法院驳回再审申请、逾期未对再审申请作出裁定或者再审判决、裁定有明显错误的,可以向人民检察院申请检察建议或者抗诉;(八)对已经发生法律效力的行政或者刑事判决、裁定、决定不服的,依照《行政诉讼法》《刑事诉讼法》的规定向人民法院或者人民检察院提出申诉;(九)法律、行政法规规定由法定途径解决的其他事项"。

3.小结

从国务院各部委制定的行政规章和省市人大常委会制定的地方性法规来看,各部门和各地对"诉访分离"的把握基本上不离国务院《信访条例》第十四条第二款之规定,其核心思想是实现信访的"归口"。一方面,依法应当通过诉讼、行政复议、仲裁解决的事项,当事人应当向司法机关、行政复议机关、仲裁机构提出。换句话说,有法律明确规定争议解决机制的,当事人应当向解决争议的专门机关寻求救济,而不能走信访程序;另一方面,在"信访"这个大概念之下,不同机关所受理的信访也应当有所区别,例如,对法院工作的批评、意见和建议,对法院工作人员的违法失职行为的申诉、控告或检举,专门由法院的信访机构受理;对检察院工作的批评、意见和建议,对检察院工作人员的违法失职行为的申诉、控告或检举,专门由检察院的信访机构受理。换句话说,行政机关的信访工作应当与权力机关、司法机关和检察机关的信访工作相区别。

（三）"诉访分离，法定途径优先"的制度衔接

"诉访分离"的目的在于使不同的机关按照其固有职能划分的标准，解决各种类型的问题，从而维护公民、法人或其他组织的合法权益。"诉访分离"的制度衔接问题，就是各个国家机关（及仲裁机构）之间的权限划分和相互配合的问题。

1. 诉讼与信访的制度衔接

作为社会管理体制中的两大权利救济渠道，诉讼与信访在提供当事人权利保障方面难免发生一定程度的职能冲撞。实践中常见当事人在诉讼终结之后，通过信访途径再次寻求权利救济；少数时候，也有信访人对国家机关的处理结果不满意而主张诉讼的。这种现象是否意味着信访是诉讼之后的救济方式，抑或信访与诉讼可以互为终局？

在"诉访分离"的条件下，诉讼与信访应当理解为"择一关系"。承担诉讼与信访的部门不同，人民法院依法独立行使审判职权，承担诉讼职能，旨在修复公民被侵害的合法权利；行政机关的信访部门主要通过受理建议、意见或投诉，来保障公民申诉、控告和检举的权利。但是，对于一部分信访答复，应当是可以进入诉讼的，尤其是行政诉讼，因为信访答复行为是行政行为，如果产生了权利义务影响，应当可以进入诉讼。所以，信访是不一定能终结诉讼的，信访与诉讼不一定全是"择一关系"，有时候是前后衔接关系。

从信访制度改革的基本方向来看，诉讼应当是解决问题的优先途径，能够纳入民事、行政或刑事诉讼受理范围的事项，都应当以诉讼的方式解决，既不能在诉前启动信访，也不能在诉后再度信访。在实践操作中，审判部门和信访部门在各自的职能范围内，应加强沟通协调，发现不属于本部门处置的事项时，要及时进行移送，实现"诉"与"访"的衔接。

2.行政复议与信访的制度衔接

与行政机关的信访活动关系密切的还有行政复议。行政复议是指公民、法人或者其他组织不服行政主体作出的具体行政行为,认为行政主体的具体行政行为侵犯了其合法权益,依法向法定的行政复议机关提出复议申请,行政复议机关依法对该具体行政行为进行合法性、适当性审查,并作出行政复议决定的行政行为。

根据《行政复议法》第六条规定,行政复议有明确的受理范围,具体包括:"(一)对行政机关作出的警告、罚款、没收违法所得、没收非法财物、责令停产停业、暂扣或者吊销许可证、暂扣或者吊销执照、行政拘留等行政处罚决定不服的;(二)对行政机关作出的限制人身自由或者查封、扣押、冻结财产等行政强制措施决定不服的;(三)对行政机关作出的有关许可证、执照、资质证、资格证等证书变更、中止、撤销的决定不服的;(四)对行政机关作出的关于确认土地、矿藏、水流、森林、山岭、草原、荒地、滩涂、海域等自然资源的所有权或者使用权的决定不服的;(五)认为行政机关侵犯合法的经营自主权的;(六)认为行政机关变更或者废止农业承包合同,侵犯其合法权益的;(七)认为行政机关违法集资、征收财物、摊派费用或者违法要求履行其他义务的;(八)认为符合法定条件,申请行政机关颁发许可证、执照、资质证、资格证等证书,或者申请行政机关审批、登记有关事项,行政机关没有依法办理的;(九)申请行政机关履行保护人身权利、财产权利、受教育权利的法定职责,行政机关没有依法履行的;(十)申请行政机关依法发放抚恤金、社会保险金或者最低生活保障费,行政机关没有依法发放的;(十一)认为行政机关的其他具体行政行为侵犯其合法权益的。"

复议和信访的关系也是属于"择一关系",当事人所涉事项属于行政复议的,则按照行政复议程序进行,既不能在复议前启动信访,也不能在复议后再度信访。在实践操作中,复议部门和信访部门在各自的职能范围内,应加强沟通协调,发现不属于本部门处置的事项时,要及时进行移送,实现"复议"与"信访"的衔接。应当说明的是,在行政复议中,当事人对复议机关及其工作人员提出建议、意见的,可以向信访部门提出信访事项;但当事人不服复议机关作出的复议决定,应当采取行政诉讼的途径予以解决。

3. 仲裁与信访的制度衔接

通过仲裁途径解决的投诉请求,也应当与信访相区别。根据《仲裁法》第二条和第四条的规定,平等主体的公民、法人和其他组织之间发生的合同纠纷和其他财产权益纠纷,双方达成仲裁协议的,则按照仲裁程序进行,不属于信访事项。

另外,根据《劳动争议调解仲裁法》第二条规定,劳动仲裁的受理范围包括,"(一)因确认劳动关系发生的争议;(二)因订立、履行、变更、解除和终止劳动合同发生的争议;(三)因除名、辞退和辞职、离职发生的争议;(四)因工作时间、休息休假、社会保险、福利、培训以及劳动保护发生的争议;(五)因劳动报酬、工伤医疗费、经济补偿或者赔偿金等发生的争议;(六)法律、法规规定的其他劳动争议"。这些事项也不属于信访的内容。应当说明的是,在劳动仲裁中,当事人对劳动争议仲裁委员会及仲裁员提出建议、意见的,可以向信访部门提出信访事项;但当事人不服仲裁裁决,应当向劳动争议仲裁委员会所在地的中级人民法院申请撤销裁决。

4. 行政机关的信访与其他国家机关信访的衔接

由于地方各级人民代表大会及其常务委员会、地方各级人民政府及其工作部门、地方各级人民法院和地方各级人民检察院均设有本机关的信访部门,因此这就涉及行政机关的信访与其他国家机关信访的衔接。

从各省市地方性法规的制度设计来看,由权力机关受理的信访事项包括：对本级和下一级人民代表大会及其常委会通过的决议、决定和制定、批准的地方性法规的建议和意见；对本级人民代表大会及其常委会工作的建议和意见；对本级人民代表大会及其常委会选举、任命的人员和常委会机关工作人员违纪、违法行为的检举和控告；对本级人民代表大会代表执行代表职务的建议和意见等。

由司法机关受理的信访事项包括：对本级或下级人民法院生效判决、裁定不服的申诉、再审申请；对本级或下级人民法院执行工作的申诉和控告；对刑事自诉、民事和行政案件应当受理而没有受理的申诉；对本级或下级人民法院及其工作人员违纪和违法行为的检举和控告；对本级或下级人民法院工作的建议和意见等。

由检察机关受理的信访事项包括：对本级人民检察院或者下级人民检察院的处理决定不服的申诉；对依法应当由人民检察院立案侦查的职务犯罪等刑事案件的控告或者举报；对本级人民法院或者下级人民法院已经发生法律效力的刑事、民事和行政案件的判决、裁定不服的申诉；对被害人不服公安机关应当立案侦查而不立案侦查的案件的申诉；对本级人民检察院或者下级人民检察院工作人员的违纪、违法行为的控告或者举报；对本级人民检察院或者下级人民检察院工作的建议和意见等。

相应的，由行政机关受理的信访事项包括：对本辖区内的经济、文化和社会事业的建议和意见；对本级人民政府或者下级人民政府规章、决定、命令等规范性文件的建议和意见；对本级人民政府及其工作部门的工作人员或者下级人民政府工作人员的违纪、违法行为的检举和控告等。

（四）"诉访分离，法定途径优先"的信访职能定位

基于中国特殊的历史条件，信访体制早在 20 世纪 50 年代初

就出现了。据考证，信访部门发端于 1950 年成立的中共中央办公厅秘书室，该室的主要职能是负责处理民众写给中央领导的信件，接待上访人员。1951 年 6 月 7 日，政务院颁布了《关于处理人民来信和接见人民工作的决定》。1954 年到 1957 年，因合作化、反右等等政策出现一些问题，致信访数量猛增。中共十一届三中全会后，数以百万计的公民先后写信或上访，要求平反历史上形成的冤假错案、落实政策。中央信访工作机构仅 1979 年受理的来信来访就高达 127 万件或人次；同年年底，中央还成立了处理上访问题领导小组，先后抽调了约 20 万名干部，在全国处理上访问题、解决历史遗留问题。在这个特定的历史环境下，信访取代了诉讼的职能，成为最主要的解决纠纷和修复权利的法律机制。1982 年《宪法》明确各个国家机关的设置及其相应的职能，信访体制不再在宪法框架中居于主导地位，其纠纷解决功能也有所收缩，但依然为民众所热衷。其中的原因涉及审判、检察机关独立行使审判权、检察权的阻力较大，办案公信力偏低，司法正义在较低级行政区域和基层难以落实等。

综上所述，由于我国主体政制未能满足社会正义的基本需求，无法充分、有效地解决纠纷；于是，处于次要政制的信访制度被经常用来部分地取代主体政制，甚至超越主体政制成为推进社会正义的"惯常体制"。于是，信访制度在宪法框架所处的位置与功能之间发生了严重的错位。当前，应恢复信访制度在宪法框架下的次要政制的地位，并使之继续发挥"密切联系群众"、"反对官僚主义"的政治参与和社会监督功能。与此同时，努力提升人民代表大会制度、司法制度等主体政制的功能，使之与其在国家宪法框架体系下的应有位置相一致。

信访作为一种法律制度，其权力对应《宪法》四十一条第一款，即"中华人民共和国公民对于任何国家机关和国家工作人员，有提出批评和建议的权利；对于任何国家机关和国家工作人员的违法失职行为,有向有关国家机关提出申诉、控告或者检举的权利,但是不得捏造或者歪曲事实进行诬告陷害"。因此,信访具有政治权力的性质,它是公民政治参与的渠道,注重保障人民当家作主、参政议政的民主权利。信访机制中没有争议解决的规范架构,即便其在一定程度可能发挥权利救济的功能,那也是附带和例外的。而诉讼作为一种法律制度,侧重于司法裁判的权利救济功能,而并不强调公民政治权利行使活动本身。

就信访的制度功能而言,根据国务院《信访条例》第二条对信访的定义可知,信访是指公民、法人或者其他组织采用书信、电子邮件、传真、电话、走访等形式,向各级人民政府、县级以上人民政府工作部门反映情况,提出建议、意见或者投诉请求,依法由有关行政机关处理的活动。可见,信访的首要功能是政治参与和社会监督功能,信访的权利救济功能是辅助的、补充的。现实中,公民、法人或者其他组织往往在自身权益受到损害时才运用信访手段追求救济,实际上是一种包含复杂原因的理性选择。

(五)"诉访分离,法定途径优先"的公民权利保障

信访制度是具有中国特色的民主治理制度,在我国社会政治建设和民主政治发展的历史过程中,信访承担着民意传递、沟通宣传、政治参与、民主治理、行政监督、决策建议等一系列功能。"诉访分离,法定途径优先"的改革目标有助于通过国家机关之间的事权配置,依法保障公民的权利。在"诉访分离,法定途径优先"的制度框架中,公民依法分别享有诉讼权利和信访权利。

1. 诉讼权利

司法是解决纠纷的终极和有效的法定途径。十八届四中全会提出"加强人权司法保障","强化诉讼过程中当事人和其他诉讼参与人的知情权、陈述权、辩护辩论权、申请权、申诉权的制度保障","落实终审和诉讼终结制度,实行诉访分离,保障当事人依

法行使申诉权利。对不服司法机关生效裁判、决定的申诉,逐步实行由律师代理制度。对聘不起律师的申诉人,纳入法律援助范围"。从这个论断可知,"诉访分离"下的诉讼活动应当着重于公民诉讼权利的保障,而对于生效裁判、决定的申诉(即涉诉信访)是终审和诉讼终结后的程序,应当由法院的信访部门受理。"法定途径优先"就是通过强调诉讼的受案范围,使能够通过诉讼解决的纠纷纳入司法解决途径,从而保障公民的诉讼权利。

2. 信访权利

信访权利,是指公民、法人或其他组织依法享有的通过法定的形式,按照法定的权限和程序向国家和政府表达意志的权利。《宪法》规定的批评权、建议权、申诉权、检举权、控告权五种政治权利,可以看作是信访权利的《宪法》依据。公民对国家机关和国家工作人员的任何职务行为都可以反映情况、提出建议、意见,这是公民参与国家政治生活的权利。信访就是为信访人反映情况、提出批评,实现权力监督。对信访部门而言,能够通过收集信息进而发现问题,改进公共决策。

"诉访分离"改革的目的在于信访定位的理性回归,国务院《信访条例》第一条(立法宗旨)中指明立法的目的在于"保持各级人民政府同人民群众的密切联系,保护信访人的合法权益,维护信访秩序",第二条(信访定义)中指明信访是"向各级人民政府、县级以上人民政府工作部门反映情况,提出建议、意见或者投诉请求",据此,信访的定位不再是"纠纷解决"或"修复权益",而是侧重于公民意见的表达,尤其是政治见解的表达。

在具体操作的层面,信访人在信访活动中享有一系列权利,包括了解信访工作制度及信访事项的处理程序;要求信访工作人员提供与其提出的信访事项有关的咨询服务;对与信访事项有直接利害关系的信访工作人员,提出回避申请;向办理信访事项的行政机关查询其信访事项的办理情况、办理结果并要求答复等。

信访部门及其工作人员不得将信访人的检举、揭发材料及有关情况透露或者转给被检举、揭发的人员或者单位，即信访人有获得保密保护的权利。

公民通过对行政机关及其工作人员，法律、法规授权的具有管理公共事务职能的组织及其工作人员，提供公共服务的企业、事业单位及其工作人员，社会团体或者其他企业、事业单位中由国家行政机关任命、派出的人员，村民委员会、居民委员会及其成员的职务行为的监督，行使监督权，从而保障公民的基本权利和其他合法权益。这也是"诉访分离，法定途径优先"制度的价值所在。

(六)"诉访分离，法定途径优先"的立法方案分析

狭义讲，诉指诉讼，一切涉及民事、行政和刑事等诉讼的事项，都不属于信访事项，由司法机关按照正常的诉讼程序或再审程序处理。对司法裁判结果也不允许信访，坚持司法终局原则。除此之外，其他事项原则上允许信访，如果部分信访答复影响权利义务的，可以提起行政诉讼，但对行政诉讼裁判不允许信访。对于哪些投诉请求可以入诉，立法中不宜作出具体规定。

"诉访分离，法定途径优先"的立法方案可以考虑从多个方面进行设计。

其一，界定行政信访的概念，明确"诉访分离"中"访"的界定。国务院《信访条例》第二条第一款规定，"本条例所称信访，是指公民、法人或者其他组织采用书信、电子邮件、传真、电话、走访等形式，向各级人民政府、县级以上人民政府工作部门反映情况，提出建议、意见或者投诉请求，依法由有关行政机关处理的活动"。该条文明确了行政信访的概念，确定受理信访的机关是行政机关，开展信访的具体方式是书信、电子邮件、传真、电话和走访等，这就为行政信访定了基调。《浙江省信访条例(修订草案)》同样采

取这个立场,第三条第一款规定,"本条例所称信访,是指公民、法人和其他组织对涉及政府职能或者有关单位和人员职务行为的问题,向行政机关反映情况,提出建议、意见或者有关投诉请求的活动"。这个表述较国务院《信访条例》更加明确,具体落实到"涉及政府职能或者有关单位和人员职务行为的问题",在实施过程中具有一定的可操作性。

其二,规定行政信访的受理范围,明确可以信访的事项。各地大多采用列举的方式,明确哪些事项属于信访人可以向信访部门提出信访。例如《上海市信访条例》第三十三条,"信访人可以向人民政府及其工作部门提出下列信访事项:(一)对本行政区域的经济、文化和社会事务的建议、意见;(二)对人民政府及其工作部门作出的决定、制定的规范性文件的建议、意见;(三)对人民政府及其工作部门和所属工作人员职务行为的建议、意见或者不服其职务行为的投诉请求;(四)对法律、法规授权的具有管理公共事务职能的组织及其工作人员职务行为的建议、意见或者不服其职务行为的投诉请求;(五)对提供公共服务的企业、事业单位及其工作人员职务行为的建议、意见或者不服其职务行为的投诉请求;(六)对村民委员会、居民委员会及其成员职务行为的建议、意见或者不服其职务行为的投诉请求;(七)依法可以向行政机关提出的其他信访事项"。《浙江省信访条例(修订草案)》在第三条第三款前段中界定了"信访事项",即"本条例所称信访事项,是指信访人反映的情况或者提出的建议、意见及有关投诉请求",在此基础上,从行为主体的维度来确认何种主体的行为可以提起信访。第三条、第四条规定:"本条例所称有关单位和人员,是指下列单位和人员:(一)行政机关及其工作人员;(二)法律、法规授权的具有管理公共事务职能的组织及其工作人员;(三)提供公共服务的企业、事业单位及其工作人员;(四)社会团体或者其他企业、事业单位中由行政机关任命、派出的人员;(五)村民委员会、居民委员会、集体经济组织及其成员。"本书认为,以上列举的"单位和人员"基本照搬了国务院《信访条例》第十四条第二款的内容,没有必要,建议删除。

其三,明确不属于行政机关信访受理的事项,排除"诉访分离"中属于"诉"的事项。"诉访分离"就是要改变过去信访受理事项无所不包的情况,把不属于信访事项范围的事项予以排除。例如国务院《信访条例》第十四条(信访事项)第二款规定,"对依法应当通过诉讼、仲裁、行政复议等法定途径解决的投诉请求,信访人应当依照有关法律、行政法规规定的程序向有关机关提出"。当然,作为排除条款的配套,信访立法还应该规定,各级政府信访部门对涉法涉诉事项不予受理,引导信访人依照规定程序向有关政法机关提出,或者及时转同级政法机关依法办理。《浙江省信访条例(修订草案)》以但书的方式,将有其他法定处理途径的投诉请求从信访事项中剥离开来。第三条第三款后段规定,"但是,其投诉请求有其他法定处理途径的,不作为信访事项,不按照本条例规定的程序受理和办理"。第十五条进一步明确,"下列投诉请求事项不得按照信访工作程序受理、转送:(一)不涉及政府职能或者有关单位和人员的职务行为的;(二)应当、正在或者已经按照诉讼、仲裁、行政复议等信访程序以外的法定程序处理的。行政机关收到前款事项,应当自收到之日起五个工作日内告知信访人不予受理,并说明理由,了解有相关法定处理途径的,也应当一并告知"。

其四,规定其他法定途径优先于行政信访。"法定途径优先"是确保"诉访分离"的手段。要实现"诉访分离"就必须优先适用其他法定途径。这在制度安排上可以对接到行政信访"不予受理"的条款。符合三大诉讼法、《仲裁法》《行政复议法》《行政监察法》等法律文件规定受理范围的案件,行政信访部门不予受理,让位于其他法定途径,从而确保"法定途径优先"。国务院《信访条例》第二十一条第一款规定,"县级以上人民政府信访工作机构收到信访事项,应当予以登记,并区分情况,在15日内分别按下列方式处理:(一)对本条例第十五条规定的信访事项,应当告知信访人分别向有关的人民代表大会及其常务委员会、人民法院、人民检察院提出。对已经或者依法应当通过诉讼、仲裁、行政复议等法定途径解决的,不予受理,但应当告知信访人依照有关法律、行政法规规定程序向有关机关提出"。行政信访部门的不予受理,直接促成了其他法定途径解决的优先序位。《浙江省信访条例(修订草案)》第十五条也是这样的制度安排。

"诉访分离,法定途径优先"制度的直接目的在于恢复法治应有的地位,也就是说,杜绝"以访代诉"的流弊。由于"诉"与"访"的范围的具体划分涉及司法权,所以,本书认为《浙江省信访条例(修订草案)》不应当具体设计详细范围,但是应当确立关于诉访分离的一般标准:

(1)凡是涉及司法管辖,具有起诉、上诉、申诉与申请再审内容的投诉请求,属于诉的范畴。

(2)凡是涉及法律的投诉请求,属于诉的范畴。

(3)凡是涉及仲裁事项的投诉请求,属于诉的范畴。

(4)凡是涉及行政复议的投诉请求,属于诉的范畴。

(5)应当通过法定途径解决的其他投诉请求,属于诉的范畴。

(6)凡是法定途径之外的投诉请求,均属于访的范畴。

另外,实践层面,可以在信访接待大厅内部设置便民窗口,加强专业人员配置,对于不属于信访范围投诉请求,由信访工作人员协调公安的立案部门、检察院的法律监督和公诉部门、法院的立案和再审部门、行政复议部门、仲裁部门与来访群众接洽,做到信访与诉讼分离后的及时无缝对接。

第七章
"三改一拆"工作中行政行为实体合法性要求

　　"三改一拆"问题涉及人民群众的根本利益和长远利益,这一工作的政策性强、影响面大,并且关系到经济和社会的发展、社会稳定的大局。这一问题为包括政府、人民法院、人大、政协、被拆迁人在内的社会各界所广泛关注。可以说,合法合理地进行"三改一拆",将会促进城市发展、生活改善和社会进步;不当处之,将会破坏社会公平、引发群体性事件。拆迁的正负面影响均已凸显,省政府、省党委高度关注"三改一拆"进程,建设部等主管部门注重完善法律制度,执法机关注重执法工作,人民法院积极采取措施、强化司法审查功能。一些行政机关在实施有关拆迁行政行为中违法问题较为突出,被拆迁人在行政管理过程中处于完全的弱势地位,加之一些地方的"土政策",致使其得不到有效的法律救济,其合法权益难以得到保护,甚至导致个别被拆迁人采取过激的行为,影响社会的稳定。这种现象的普遍存在说明权利救济渠道并不畅通。同时,个别被拆迁人无理取闹的现象也不容忽视。① 政府和有关部门的拆迁行为与城市建设发展、保护群众具体利益之间的关系密切,人民法院应当依法强化对这种行政权力的监督,将"司法为民"宗旨贯穿于拆迁行政案件的审理中,切实保护被拆迁人的合法权益,并使被拆迁人在诉讼中与被告行政机关处于平等的地位,使之合法权益能够得到充分保护,同时促进拆迁工作依法、公正、有序地进行,实现既保证发展的需要,又要

---

① 尤飞,司法审查城市房屋拆迁行政争议中的若干问题,苏州大学,2006 年。

防止社会群体性事件的发生,维护社会稳定的目的。① 浙江省"三改一拆"工作推进两年有余,大量的违法建筑应声倒下,拆出了地方经济发展的新空间,拆出了美好的城乡环境,更拆出了正义、公平和法治。但是在拆迁过程中,同样存在部分政府机关的实体违法行为。在本书中,笔者一共梳理了十二种在拆迁与改造过程中的政府实体违法行为,为"三改一拆"工作提供借鉴,并希望以此推进"三改一拆"工作的顺利进行。这十二种情况分别为超越应有的职权范围、行政行为中法律适用存在不当、行政过程中毁坏公私财物、公安机关不履行治安职责、行政过程中选择性执法、行政机关不履行法律职责、行政征收过程存在不当、强制售卖行政相对人被扣押财物、违法影响行政性对人营业、行政复议违法、违法的行政登记和行政撤销行为,以及行政补偿不当。

一、超越应有的职权范围

临时行政机关在执法过程中,有时会超越其行政职权的范围,对行政相对人执行违法行政行为。这一职权的超越在很多时候体现在行政机关对自身行政主体的超越——虽然这一超越在大多数的时候对抗的是行政相对人的违法行为。一个典型的实例是孙德永诉临海市人民政府邵家渡街道办事处案(〔2015〕台临行初字第 29 号)。在本案中,临海市人民政府邵家渡街道办事处以临海市邵家渡街道"三改一拆"行动工作领导小组办公室名义对原告孙德永下发了限期拆除通知书,2013 年 5 月 31 日被告组织人员将原告的农用配置房强行拆除,致使原告农用配置房内财产遭受重大损失,侵犯了原告的合法权益。原告认为,原告被拆除的农用配置房系合法建筑,被告强制拆除原告所有的农用配置

---

① 王达,拆迁行政案件审理中的八个实体问题,法律适用,2005 年第 5 期。

房行为违法,严重损害了原告的合法权益,故请求法院依法确认被告临海市人民政府邵家渡街道办事处强制拆除行为违法。法院认为,虽然原告的建筑并非是合法建筑,但"三改一拆"行动工作领导小组办公室只是临时机构,不具有行政执法主体资格,根据《中华人民共和国城乡规划法》第六十五条之规定,被告也无拆除原告农用配置房的法定职责,所以被告的拆除行为属超越职权,应确认违法。另一个例子是马敏诉临海市人民政府大田街道办事处案(〔2015〕台临行初字第 8 号)。临海市人民政府大田街道借"三改一拆"为由,以临大田街道(限拆字〔2013〕第 0000780号)通知,认定原告位于高屋后建筑面积 115 平方米,系违章建筑,限原告在 2013 年 5 月 12 日前自行拆除,逾期将组织强制拆除。原告于 5 月 6 日接到限拆通知书后,于 5 月 7 日向被告提交申辩意见。原告的厂房属村镇规划区内小屋配套设施地块,已经村民委员会、个体工商营业部门批准,不属违法建筑。被告受理原告的申辩申请后,口头答复予以研究后答复,但直到 5 月 22 日不予书面答复。后驻村干部通知原告 5 月 23 日自行拆除。在原告为减少损失自行拆除时,5 月 23 日上午,被告要求原告退出由被告拆除,故意损坏了厂房设施。原告多次信访反映无果。故请求依法判令被告拆除原告房屋行为违法;本案诉讼费由被告承担。在本案中,法院同样认定,原告的建筑属于违法建筑,理应被拆除;拆除的行政行为也并无不妥。但临海市大田街道"三改一拆"行动领导小组办公室没有作出《限期拆除通知书》的法定职权。被告以该《限期拆除通知书》为依据拆除原告违法建筑系违法行为。再如郑月容诉台州市椒江区人民政府案(〔2014〕浙台行初字第 27 号)中,椒江区人民政府所属台州市椒江区"三改一拆"行动领导小组办公室作出限期拆除通知,认定原告位于七条河边的建(构)筑物(设施)等属违法建筑,限原告在三日内自行拆除。逾期未拆除,椒江区政府将组织相关街道(农场)、部门予以强制拆除,并作出相应处理。在本案中,原告的建筑同样属于未取得建设工程规划许可证或未按照建设工程规划许可证的规定进行建设或者未经批准进行的临时建设,应当予以拆除。但法院认为,台州市椒江区人民政府所属台州市椒江区"三改一拆"行动领导小组办公室系担负着"三改一拆"工作日常组织协调和指导功能的临时机构,不具有作出的限期拆除决定的法定职权,其于2014年6月11日作出限期拆除通知属超越职权,应当予以撤销。

在有些情况下,若无法证明违法建筑处于自身的行政职权的管辖内,行政临时机关同样涉及超越行政职权。在金华市金东区雪兵糕点坊诉金华市金东区澧浦镇人民政府案(〔2015〕浙金行终字第265号)案中,金华市金东区"三改一拆"行动领导小组办公室下发了金区"三改一拆"办〔2014〕11号文件,要求对金义南线等地主干道路沿线的违章搭建情况调查摸底并限期拆除的紧急通知。2014年8月26日,被告澧浦镇政府组织力量强制拆除了上述建筑。2015年5月27日,付雪兵以雪兵糕点坊的名义诉至原审法院,要求确认澧浦镇政府强制拆除其厂房的行政行为违法。但是,该糕点坊并不在澧浦镇政府的管辖内。法院认为,根据《中华人民共和国城乡规划法》第六十五条规定,只有违法建设的建筑物位于乡、村庄规划区内,乡镇人民政府才能依据城乡规划法律、法规规定处置违法建筑。本案中被上诉人未能提交证据证明其作出行政行为时本案所涉的上诉人建筑物所在区域有乡、村规划,未能证明其依法具有相应职权。因此,被上诉人作出涉案强制拆除行为的主体资格不适格。因此法院判决被上诉人金华市金东区澧浦镇人民政府对上诉人金华市金东区雪兵糕点坊的建筑物进行强制拆除的行为违法。

大量政府的临时机关超越自身的职能,或超越自身的管辖权,对"三改一拆"中的违法建筑进行拆除。在这一层面上,法院并不支持政府临时机关超越职能或者管辖权对违法行为进行制裁。因此在这方面的执法上,高层政府应当更注意临时机关的执法现状,为"三改一拆"提供支持。目前,全省各地也对这一情况做出了反映。在全省各地,"三改一拆"办几乎都是以临时机构的身份存在,临时抽调各相关部门人员。一般来说,临时机构不定级别、不设编制,其组成人员的工资由原单位发放,享受原单位福利待遇,工作任务完成后仍回原单位工作。这种现状,事实上对"三改一拆"工作的长效推进产生不小影响。从住建局等部门借调的人,不是原单位的骨干力量,工作热情不高。积极肯干的骨干力量,基本来自乡镇。虽然工作出色,但他们身处临时机构,很难就地提拔,而且长时间脱离原单位,担心前途受影响,也无心工作。在这种情况下,政府临时机关工作人员很难维持良好的精神面貌。人员状态只是一个方面。作为临时机构,"三改一拆"办本身并不具备执法权,开展工作都需要协调乡镇、部门。"出现不少推诿、扯皮的事。"有人建议,如果暂时无法解决临时机构性质问题,为提振士气,提高人员战斗力,借调人员"应从各部门抽调骨干力量,明确轮岗性质,回原单位后,推荐为中层干部人选"。

二、行政行为中法律适用存在不当

"三改一拆"围绕着对旧住宅区、旧厂区、城中村的改造以及违法建筑的拆除,是当前城镇化发展在物方面的实现路径之一。一拆在前,可为改腾出空间;三改在后,改的前提是需要合法建筑。"三改"政策的制度基础是行政征收与补偿制度。"一拆"政策的制度基础是行政处罚与强制执行制度。在执行"三改一拆"专项行动过程中,或因为本身缺乏守法意识或因为缺乏法律常识,行政机关经常在法律适用中存在不当。最为常见的状况是,行政机关在行政处罚中,在违法事实认定程序、法律适用上存在瑕疵及不当。一个例子是郑月容诉台州市国土资源局椒江分局

案(〔2014〕台椒行初字第 52 号)。原告郑月容诉称,2014 年 7 月
23 日,被告台州市国土资源局椒江分局在未取得违法建筑处置
决定的情况下,将原告郑月容位于七条河边的养牛棚等建筑违法
强拆,之前没有履行裁决、听证等程序性义务,也未作出违法建筑
处置决定并送达原告。拆除过程中,被告未在公证机构公证或者
无利害关系的第三方见证下,将牛棚内的电视机、冰箱等财物登
记造册、运送他处存放并通知原告领取。原告认为,被告的强制
行为,没有任何法律依据,严重侵害了原告的财产权益,违反了
《浙江省违法建筑处置规定》相关规定,故向法院提起诉讼,要求
确认被告拆除原告房屋的行政行为违法。根据我国土地管理的
相关法律、法规规定,被告椒江国土分局具有对辖区土地违法行
为作出处理的行政职权。作为主管机关,被告在行政执法中应当
遵循职权法定和程序法定原则,严格依法行政。就本案而言,被
告既未对原告非法占地行为予以立案调查,未听取原告的陈述申
辩、告知其救济途径,依法也不具有强制拆除的行政职权,故其对
原告非法所建牛棚进行强制拆除的行为,属事实不清、程序不当,
且超越职权。由于当地土政策的原因,该类违法在永康市较为常
见。如王新初诉永康市前仓镇人民政府、永康市人民政府案
(〔2016〕浙 0784 行初 5 号)、王新初诉永康市前仓镇人民政府、永
康市人民政府案(〔2016〕浙 0784 行初 5 号),吴跃余诉永康市前
仓镇人民政府、永康市人民政府案(〔2016〕浙 0784 行初 2 号)等。
一个典型的例子是王新初诉永康市前仓镇人民政府、永康市人民
政府案(〔2016〕浙 0784 行初 5 号),永康市前仓镇人民政府认为
原告未经规划审批,擅自建房,根据《中华人民共和国城乡规划
法》第六十五条的规定,于 2015 年 9 月 24 日作出永前仓罚决字
〔2015〕第 006 号行政处罚决定:限原告自收到本行政处罚决定之
日起 15 日内自行拆除上述违法建筑,逾期不拆除的,将依据《中
华人民共和国行政强制法》第三十四条、《中华人民共和国城乡规

划法》第六十八条、《浙江省违法建筑处置规定》第十六条之规定予以强制拆除。原告不服被告的处罚决定,向永康市人民政府申请行政复议。永康市人民政府于 2016 年 1 月 5 日作出永政复决字〔2015〕第 28 号行政复议决定,维持永康市前仓镇人民政府作出的行政处罚决定。法院认为,在本案中,永康市前仓镇人民政府拟对该地块进行拆除整治,在未与原告达成拆除协议的情况下,2015 年 9 月 24 日,永康市前仓镇人民政府作出《行政处罚决定书》。被告永康市前仓镇人民政府作出的行政处罚决定在违法事实认定程序、法律适用上存在瑕疵及不当,应认定其具体行政行为违法。在王新初诉永康市前仓镇人民政府、永康市人民政府案(〔2016〕浙 0784 行初 5 号),吴跃余诉永康市前仓镇人民政府、永康市人民政府案(〔2016〕浙 0784 行初 2 号)中,被告在行政处罚中,在违法事实认定程序、法律适用上存在瑕疵及不当。

另一种可能是行政执法机关的强拆行为。如嘉兴市吉禾玻璃经销公司诉嘉兴市公安局经济技术开发区、嘉兴市综合行政执法局案(〔2015〕嘉秀行初字第 18 号)。原告诉称:因嘉兴市规划处的工作失误,造成原告部分房屋缺乏办理登记条件,是合法未办证建筑。一年来,被告下属嘉北派出所所长是原告房产调查定点负责人,原告为了证明自己房屋是合法的,特向所长提交了嘉兴市房地产主管部门的联合发文包括:(1)1997 年 6 月 11 日嘉兴市建委、开发区管委会、市土管局、市规划处、市消防支队、秀城区消防大队等主管部门联合确认《吉禾公司向秀城区消防大队补办建审手续》房产为自然临时建筑的发文。(2)原告提交了嘉兴市执法局多份执法文件,多份行政诉讼资料,并提交了庭外和解的 2008 年 7 月 13 日开发区管委会、财政局、执法分局、建设分局和经投集团等部门最后联合与原告协商达成《涉及吉禾公司房屋配套设施修复事宜会议纪要》及《补充实施协议书》足以证明原告房产是经国家房地产主管部门批准建设的。原告 200 多米电缆、

500 多平方路面、数根电杆及公司整体外观被损坏;100 多米自来水管、数十米污水管道和数台空调被拆除。2014 年 10 月 11 日 15 时许,被告出警领队 20 余人,10 多分钟就非法拆除了原告大门,原告法定代表人要求强拆人出示执法证件和执法依据时,强拆人拒不出示证件原告反被围殴,在火急情况下于 15 时 38 分向 110 报警,15 时 54 分随警察到派出所做笔录时被非法拘禁。10 月 12 日 15 时被非法拘留。被告公安经开分局不是"拆迁、拆违"行政执法权力机关,未经"拆迁、拆违"职权部门授权,越权领队拆除原告大门行为显然违法。而为自己非法行为虚张声势,滥用职权,对原告实施非法拘留,显然是知法犯法的渎职行为。被告市执法局未通过法律程序非法对原告建筑设施实施强制拆除、损坏,以权代法的行为显然也违法。法院认为,市执法局为实施强制拆除原告所建铁门的行政主体。其次,《中华人民共和国行政强制法》第五十二条规定了即时代履行,该条适用的前提是指在紧急情况下,为了公共安全或秩序需要立即清除道路、河道、航道或者公共场所的遗洒物、障碍物或者污染物。而本案中,原告建造的水泥柱铁门主要供原告及周边公司通行,而周边公司都已搬离,其对公共安全或秩序的威胁或者破坏并非达到紧急的情况,被告称其工作人员在巡查过程中发现原告违法建筑并进行了约谈,要求其自行拆除,因原告没有自行拆除进而强制拆除了原告的构筑物,但未能提供相应证据予以证实,因此,被告市执法局据此强制拆除原告构筑物的行为属于适用法律错误,违反法定程序,应当被确认违法。

"三改一拆"的背后往往有"保护环境,惠及民生"的强有力政策背景支持,在当前及今后的一个阶段里,无疑将层出不穷。但无论怎么改、怎么拆,依法行政都是这一政策本身应有之义,不应也不得在实践中被打上一丝一毫的折扣。因此,地方政府应当更加注重自身执法行为的合法性,避免自身曲解法律的行为给政府抹黑。根据《国有土地上房屋征收与补偿条例》第八条和《住房和城乡建设部、国家发展和改革委员会、财政部、国土资源部、中国人民银行关于推进城市和国有工矿棚户区改造工作的指导意见》的规定,"改造"项目必须"依法拆迁",即安置补偿方案的制订,要充分尊重群众意愿,采取多种方式征询群众意见,在得到绝大多数群众支持的基础上组织实施,做到公开、公平、公正。严格执行城市房屋拆迁等有关法律法规的规定,应当杜绝突击性、运动性的强迫改造行为。对于改,地方政府在实施此类拆违行为时应当做到严格遵守《城乡规划法》《土地管理法》及其他法律法规对违建调查、认定、处置所规定的程序步骤,在《责令限期拆除通知书》、催告、《强制执行决定书》的内容、送达等层面上杜绝可能存在的各种法律漏洞。

三、行政过程中毁坏公私财物

由于工作方式粗暴,误拆、违法执行"三改一拆"等原因,在行政强制、行政处罚等行为中,有时会出现行政人员故意、无意损害居民财物的行为。此类行为对"三改一拆"政策造成了较大的负面舆论影响。一般而言,误拆最容易导致这一状况。典型的案件如徐新富诉义乌市佛堂镇人民政府、义乌市综合行政执法局案(〔2015〕金义行初字第 109 号)中,被告义乌市佛堂镇人民政府和义乌市综合行政执法局向原告发放《限期拆除通知书》一份,认为原告房屋违规升层,要求拆除。因原告未按指令拆除,二被告于2014 年 7 月 1 日对原告房屋第四层、东侧所有阳台、底层雨棚进行强制拆除。原告为此于 2014 年 7 月 28 日向义乌市人民法院提起行政诉讼,要求撤销二被告作出的《限期拆除通知书》,义乌市人民法院经审理作出〔2015〕金义行初字第 45 号行政判决书,撤销了该《限期拆除通知书》。原告认为,二被告作出拆除行政行为所依据的《限期拆除通知书》被判决撤销,表明该拆除行政行为违法,二被告应对其违法行为所造成的原告经济损失予以赔偿。法院认为,涉案第四层房屋内的物品是原告的合法财产,二被告在拆除涉案第四层房屋前,依法应当将房屋内物品腾空并列明相关物品清单。但从本案的情况来看,二被告没有提供证据证明其在拆除涉案第四层房屋时实施了上述行为并给原告的合法财产造成了一定的损失,二被告对此应承担相应的不利后果,结合原告庭审时关于此部分财产损失的陈述,二被告应对原告徐新富的该项损失酌情赔偿 10000 元。

另一种常见的情况是,政府机关的违法执行导致了行政相对人的财产损失。在宁波市东海广告有限公司诉宁波市鄞州区集士港镇案(〔2015〕甬鄞行初字第 10 号)中,原告在鄞州区集士港镇翁家桥村、卖面桥村租下场地,并按当时户外广告设置审批规定进行审批,设置了三座户外高立柱广告牌,2007 年经与翁家桥村协商又在该村集体土地上增设一座广告牌,并进行了合法审批。2014 年 6 月 19 日,被告向原告寄来 2014010 号和 2014024 号《违法建筑告知书》和《限期拆除通知书》各两份,称涉案四块广告牌系未经审批的违法建筑,责令原告限期拆除。2014 年 7 月 7 日,被告又寄来 2014011 号和 2014025 号《强制拆除公告》,责令原告 5 天内拆除广告牌,逾期不拆除被告将组织人员进行强制拆除。后原告向被告发出《紧急告知函》,告知被告其广告牌已经过合法审批后续。2014 年 7 月 10 日,被告将涉案四座广告牌予以拆除,且拆除后被告将原告的广告牌设施抵扣给拆牌施工队,导致原告财产受损。原告认为,被告执法主体和适用法律错误,认定事实不清,程序违法,故请求判令:(1)确认被告拆除原告设置的位于宁波市鄞州区集士港镇翁家桥村三座广告牌和卖面桥村一座广告牌的行政行为违法;(2)被告赔偿因违法实施拆除而导致的直接经济损失 781200 元。宁波市鄞州区人民法院认为,《中华人民共和国土地管理法》第八十三条规定，县级以上土地行政主管部门对非法占用土地上的建筑物和其他设施具有责令限期拆除和作出处罚决定的职权，对不自行拆除的，依法申请人民法院强制拆除，据此，本案被告不具有对原告设置的广告牌予以强制拆除的职权，其所实施的强制拆除行为违法。根据《中华人民共和国国家赔偿法》第二条的规定，国家机关和国家机关工作人员行使职权，有本法规定的侵犯公民、法人和其他组织合法权益的情形，造成损害的，受害人有依照本法取得国家赔偿的权利。广告牌被拆除后的材料属原告的合法财产，被告理应将该材料返还给原告，现因广告牌材料已经无法追回和返还，根据《中华人民共和国国家赔偿法》第三十六条第（四）项"应当返还的财产灭失的，给付相应的赔偿金"的规定，被告应当支付原告相应的赔偿金。无独有偶，在宁波市金榜广告有限公司诉余姚市陆埠镇人民政府案（〔2014〕甬余行初字第 45 号）中，原告收到被告邮寄来的编号为 2014005 的《限期拆除通知书》，该通知称原告设置的上述广告牌违反了《中华人民共和国城乡规划法》的相关规定，责令原告于 2014 年 8 月 22 日前自行拆除，逾期不拆除的则强制拆除。2014 年 9 月 1 日原告发现该座广告牌已被拆除，广告牌整体材料也被扣押、没收、损毁变卖。原告认为，被告的上述行为属于违法行使职权，适用法律错误，违反了《中华人民共和国城乡规划法》、《中华人民共和国行政处罚法》、《中华人民共和国行政强制法》等法律的相关规定，给原告的合法财产造成了损失。当地法院认为，虽然原告设置户外广告时没有向工商行政管理部门申请登记，领取《户外广告登记证》，属于违法建筑。但余姚市陆埠镇人民政府拆除涉案广告牌前，既未作出行政处罚决定和强制执行决定，亦未告知原告申请行政复议或者提起行政诉讼的权利及期限，更没履行上述的催告、公告程序，就实施强制拆除行为，违反法律规定。现被拆下的广告牌部分已灭失，依法应由被告给付相应的赔偿金。

四、公安机关不履行治安职责

由于"三改一拆"和"百项重点工程"牵涉社会面广,容易涉及利益问题,影响社会稳定,作为司法行政机关和维稳工作主力军的公安机关,在"三改一拆"过程中,公安机关的工作主要是维护社会秩序,打击"三改一拆"过程中的违法犯罪行为。典型的如宁波市公安局开展的"百警进工程、进项目行动"。属地公安机关将选派 1 名派出所领导结对联系"三改一拆"和"百项重点工程"建设,全程跟进、逐一建档,确保警务服务保障工作延伸到工程项目中。对阻扰拆违、暴力抗法、妨碍公务等各类情况,公安机关将严格依法予以处置。对于重点工程领域的强揽工程、强倒渣土、强拉强运、干扰招投标、敲诈勒索、盗窃建材、破坏设施、诈骗物资等突出违法犯罪活动,宁波市公安局也会重点打击。但在这一过程中,部分公安机关却存在不履行自身职能,对人民群众的财产与生命安全的保护存在不到位。

典型的如在李许法诉杭州市公安局萧山区分局案(〔2015〕杭萧行初字第 87 号)中,李许法位于杭州市萧山区城厢街道湖头陈社区付 12 组 16 户的房屋面临拆迁。2015 年 5 月 23 日,一群不法人员在没有出示任何手续的前提下,用挖掘机将原告的附属房屋拆除,导致原告财产受损且不能居住使用。原告于当日多次拨打 110 报警请求保护并制止违法行为,但被告萧山公安分局没有依法处警,更没有立案调查。根据《中华人民共和国警察法》的有关规定,维护公民的人身安全、合法财产不受侵害是人民警察的任务,维护社会治安秩序、制止危害社会治安秩序的行为是人民警察的法定职责。遇到公民人身、财产安全受到侵犯或者处于其他危难情形,人民警察应当立即救助;对公民提出解决纠纷的要求,应当给予帮助;对公民的报警案件,应当及时查处。被告接到报警后怠于履行法定职责,构成了行政不作为。原告起诉要求确认被告未依法履行接处警职责的行为违法。根据《治安处罚法》第七条第一款及公安部《110接处警工作规则》第二条的规定,被告萧山公安分局对于原告李许法报警事项负有依法处理的职责。《治安处罚法》第七十八条规定:"公安机关受理报案、控告、举报、投案后,认为属于违反治安管理行为的,应当立即进行调查;认为不属于违反治安管理行为的,应当告知报案人、控告人、举报人、投案人,并说明理由。"本案中,被告萧山公安分局接到原告李许法及其家人的110报警后,指派民警到达事发现场,开展了相关调查活动,并认定报警事项属于强拆房屋引起的纠纷,被告实施的这些活动属于公安机关履行接处警职责的行为,且被告对报警事项的事实认定基本清楚。被告对此类纠纷(为当地区政府进行强拆)不具有进行实体处理的职责,但依法负有告知报案人并说明理由的程序义务,该义务属于公安机关处理报警事件的必要程序。从本案证据看,没有证据能够证明被告履行了上述义务,原告亦否认被告进行过告知并说明理由,故被告对原告报警事项的处理未完全履行法定义务,属于怠于履行法定职责。再如杨晓龙诉嵊州市公安局案(〔2015〕绍诸行初字第207号),原告认为其建设的所有建筑经嵊州市经济开发区管委会出具证明均系合法建筑。2013年6月16日上午,原告以上合法建筑物在未经允许的情况下,被一群违法人员非法拆除,给原告造成巨大的经济损失。为了维护原告自身的合法权益,杨晓龙于2013年8月20日通过邮政特快专递向被告递交了《立案查处申请书》,请求公安机关对非法拆除原告房屋的违法人员给予立案查处。被告于2013年8月22日收到该《立案查处申请书》后,至今未履行法定职责查处该违法行为。杨晓龙认为,被告负有保护公民人身权和财产权的法定职责,但在原告提出申请后超过两个月未予履行法定职责,严重违法。现原告起诉请求法院依法确认被告不履行法定职责的行为违法,并判令被告立即履行法定职责,对违法拆除原告房屋的违法行为给予立案查处。浙江省诸暨市人民法院认为,根据《中华人民共和国治安管理处罚法》的规定,公安机关具有保护公民人身安全、合法财产的法定职权,被告主体适格。根据《中华人民共和国行政诉讼法》第四十七条第一款的规定,公民、法人或者其他组织申请行政机关履行保护其人身权、财产权等合法权益的法定职责,行政机关在接到申请之日起两个月内不履行的,公民、法人或者其他组织可以向人民法院提起诉讼。法律、法规对行政机关履行的期限另有规定的,从其规定。本案中,被告于 2013 年 8 月 22 日收到原告寄送的《立案查处申请书》及相关证据材料后,在两个月内对原告的申请未作出答复处理,应视为被告不履行法定职责,浙江省诸暨市人民法院依法确认其未在法定期限内作出处理的行为违法。

五、行政过程中选择性执法

在"三改一拆"过程中,部分地区经常出现选择性拆迁。这种选择性拆迁有些是因为贪污受贿引起,有些是因为懒政引起。浙江省政府相当重视这一问题。在浙江省人民政府关于在全省开展"三改一拆"的讲话中,时任浙江省委书记夏宝龙专门提出:推进"三改一拆"需要发挥法治的推动、引领和保障作用。"三改一拆"工作涉及利益调整,复杂性和工作难度都很大,需要敢于担当,严格依法办事,以法律为武器加以推进。要始终坚持法律面前人人平等,只要是违法建筑,都必须依法拆除、坚决拆除,没有例外。但在实践过程中,这种事经常发生。在台州市的拆违过程中,好多地方出现不公平对待的现象。在相邻地段的违章建筑,东边拆了,西边不拆;这家拆了,那家不拆。有的是因为拆违的时候,一天完成不了,本来是想第二天接着拆的,但由于种种原因,就没有继续再拆。这样,也造成被拆的业主强烈反对,甚至上访。不公平对待的现象,影响了"三改一拆"的推进,导致阻力越来越大。另外,在"三改一拆"的过程中,有一些村干部以政府文件为借口,打击有意见的村民,率先拆除这些对象户。而与村干部关系较好的,或给村干部好处的,则以种种借口,延缓拆除,过一段时间就放过了。此外,某些企业扩建房子明明属于违建,却以"生产性临时用房"的名义允许缓拆;有些村干部家的多处宅院明明属于"一户多宅"的范畴,却因为挂上"农家乐发展经济"的旗号不被处理;有些人家的房子显然符合规定,却最终被强制拆除。

典型的案例如张盈国诉宁波市北仑区城市管理行政执法局案(〔2015〕甬北行初字第 24 号),原告张盈国诉称,城湾新村 155 号业主自行建设大门将公共用地据为私有,又将排水沟紧贴原告房屋建设,造成原告房屋室内长期处于潮湿状态,给原告生活造成极大不便。城湾新村 155 号业主未经城乡规划、土地管理及其他相关部门审批即私自占用公共用地,擅自建设的大门属违章建筑。根据有关规定,原告曾先后于 2015 年 3 月 20 日、4 月 3 日向被告发函,请求被告拆除城湾新村 155 号业主擅自建设的大门。但迄今为止,被告并未作出任何查处行为,导致原告权益至今仍遭损害。原告特向法院提起诉讼,请求判令:责令被告履行查处宁波市北仑区大碶街道城湾新村 155 号私建违章建筑的法定职责。宁波市江北区人民法院认为,根据《宁波市北仑区深化相对集中行政处罚权工作实施方案》第二条的规定,被告宁波市北仑区城市管理行政执法局负有对违反规划法律法规规定的行为进行查处的法定职责,应当对原告有关拆除违法建筑的投诉事项作出是否处理的结论性意见,并说明相应理由。抄告单回复系被告将原告来信转交具体处理部门办理后送达原告的,事实上系被告对原告投诉的回应,应视为被告对原告的投诉事项作出了相应的回复。然而,结合抄告单回复的内容,该回复仅是对案件背景以及处理进展作出告知,并非结论性处理意见,且被告亦未另行向原告作出结论性处理意见,不能认为被告已经履行了法定职责。因此,被告应当履行责任。另一个典型的案例是余丽娟诉仙居县皤滩乡人民政府案(〔2014〕台仙行初字第26号)。原告余丽娟诉称:2014年4月24日,与原告为相邻的郑建飞、郑建宝未经相关部门审批,擅自将在原告房屋东侧的四间半二层楼升建至四层楼,并在其房屋南侧集体耕地上顶风抢建二间四层楼房,严重影响其通行、通风、采光等相邻权一案,向县信访局递交要求依法拆除郑建飞、郑建宝违建房屋的申请书。县信访局转给被告皤滩乡政府后,被告皤滩乡政府于同年5月7日向原告作出皤信告〔2014〕10号《信访事项受理告知单》。同月13日,被告皤滩乡政府作出皤访答字〔2014〕10号《信访事项答复意见书》,主要内容为按照政策将郑建飞、郑建宝的违法建房列为"三改一拆"对象。之后的两个多月中,原告曾向被告皤滩乡政府多次催促履行职责,依法拆除郑建飞、郑建宝的违章建筑。在被告皤滩乡政府仍不履行职责的情况下,原告于同年7月29日再次向县信访局信访。同年9月11日,被告皤滩乡政府再次向原告作出皤访答字〔2014〕35号《信访事项答复意见书》,主要内容为按照政策将郑建飞、郑建宝的违法建房将由乡里统一部署解决。但至今仍未处理。为此,请求判决被告皤滩乡政府履行职责,对郑建飞、郑建宝的违章建筑依法作出处理决定,并限期拆除。法院认为,根据《中华人民共和国城乡规划法》第六十五条及《浙江省违法建筑处置规定》第六条的规定,被告皤滩乡政府具有查处其行政区域内违法建筑的法定职责。原告余丽娟认为被告皤滩乡政府未履行查处其行政区域内违法建筑的法定职责,自己有权提起行政诉讼。被告皤滩乡政府对原告投诉事项仅以信访事项予以受理并作出答复,不属于对原告投诉事项作出的最终行政处理行为。被告皤滩乡政府对此应按行政执法程序作出相应的具体行政行为,而非按信访程序作出信访事项答复意见。因此,被告皤滩乡政府对原告的投诉未按行政执法程序作出相应的具体行政行为,构成拖延履行法定职责。

另一种可能是,政府和机关作出了相关的处罚意见,但由于在行政程序上的悬而未决——有时候是因为原告正在程序补足,有时候是因为需要其他案件的裁量——而久久未作出下一步的具体行政行为。在这一情况下,长久的行政行为拖延同样会导致违法。典型的案例是陈耀堂诉衢州市衢江区周家乡人民政府案(〔2016〕浙0802行初12号)。在案中,原告陈耀堂起诉称,其与第三人陈浩系邻居。2015年8月,第三人未经审批擅自建房,对原告生活产生了巨大影响。原告多次向被告举报陈浩未批先建的违法行为,但被告一直拒不采取任何措施制止,直至2015年9月1日,被告仅向第三人下发责令停止违法建设行为通知书。第三人收到该通知后继续建房,被告却任由其违法行为持续。原告请求:确认被告周家乡政府未履行行政职责的不作为行为违法,并判令被告依法履行职责,拆除第三人陈浩的违法建筑。当地法院认为:本案中,对第三人陈浩未取得乡村建设规划许可证即擅自拆旧建新的行为,被告虽就原告与第三人的民事争议先后进行多次调解,亦向第三人下发责令停止违法建设行为通知书,责令第三人立即停止违法建设行为,但未采取有效措施制止第三人继续建房,亦未在协调未果后责令第三人限期改正或者决定是否应当拆除等,属于未充分履行法定职责。关于原告请求判令被告拆除第三人涉案房屋的诉讼请求是否成立的争议,对该争议的评判,不仅涉及第三人是否符合建房条件或涉案房屋是否符合应当拆除条件的认定,还涉及被告执法方式裁量问题。本案中,其一,被告以第三人原房屋系危房,符合"一户一宅"的建房条件,村两委一致同意第三人在原址拆危房建新房,且第三人拆旧建新、原拆原建,未占用公共设施用地、公益事业用地,不符合应当拆除条件等为由,主张应当不予拆除。对该主张,因涉及第三人是否符合建房条件进而是否可以取得乡村建设规划许可证,亦涉及第三人是否已经按照可以取得的乡村建设规划许可证的规定进行建设的认定问题,而该两个问题的认定均系相关职能部门的法定职权,法院无权代之作出判断。故对被告该主张,在相关职能部门作出相应行政行为前,法院不予直接评判。对原告的相反主张,同样如此。其二,如前所述,被告对涉案房屋查处的法定职责不仅包括被告已经履行的责令停止建设,还包括限期改正,作出是否拆除的决定等,即如果被告认为第三人建房符合建房条件,可以责令第三人通过诸如补办审批手续等方式予以改正,第三人逾期不改正的,可以决定是否应当拆除等,而这些职责的履行尚需被告依法调查、裁量,法院不宜直接判令被告履行特定法定职责。因此,责令被告衢州市衢江区周家乡人民政府于本判决生效后三个月内对第三人陈浩违法建房行为继续履行法定职责。

此外,在行使法定的行政职责的过程中,未全面合法地对法定职责进行执行,同样是违法行为。典型的例子是姚正峰诉绍兴市城市管理行政执法局案(〔2014〕绍越行初字第84号)。在本案中,原告姚正峰起诉称:2013年8月14日,原告就望花西区的营业房被越城区城市管理行政执法局拆除,向被告口头申请行政复议,被告工作人员为原告办理口头行政复议申请手续。2013年11月5日,被告电话告知原告不予受理。原告要求被告按照法律规定书面告知未果。被告在2013年12月11日出具的答辩状中辩称原告的行政复议申请已转送。实际上,原告的不予受理告知时间、告知形式及答辩状所辩称的转送,被告均未按照法律规定履行义务,属不履行法定职责,侵犯了原告行政复议的合法权益,故原告起诉请求:(1)认定被告不履行法定职责;(2)责令被告履行法定职责,并在一定时间内作出行政复议决定。法院认为:《中华人民共和国行政复议法》第六条、第十一项规定,认为行政机关的其他具体行政行为侵犯其合法权益的,公民、法人或者其他组织可以依照本法申请行政复议。本案原告以越城区城市管理行政执法局拆除其租赁的铁皮亭的行为涉嫌行政行为违法为由,向被告申请行政复议,属于《中华人民共和国行政复议法》第六条规定的行政复议范围。该法第十二条规定,对县级以上地方各级人民政府工作部门的具体行政行为不服的,由申请人选择,可以向该部门的本级人民政府申请行政复议,也可以向上一级主管部门申请行政复议。故原告选择向被告申请行政复议,符合法律规定。该法第十七条还规定,行政复议机关收到行政复议申请后,应当在五日内进行审查,对不符合本法规定的行政复议申请,决定不予受理,并书面告知申请人;对符合本法规定,但是不属于本机关受理的行政复议申请,应当告知申请人向有关行政复议机关提出。但被告在履职过程中,无证据证明其已在法律规定的期限内通过适当形式告知原告其申请的行政复议事项不属被告受案范围,并将该复议申请转送其他行政机关,应当认为被告履职不适当。同时,被告将原告以越城区塔山街道办事处拆除其租赁铁皮亭违法而向绍兴市越城区人民政府申请行政复议作为事由,而将该案转送绍兴市越城区人民政府,应当视为处置不当。原告向绍兴市越城区人民政府申请行政复议虽然基础事由均是因原告租赁的望花西区铁皮亭被拆,但其申请复议的被申请人不同,不属于同一事项的复议申请,故被告将应由其作出处理的复议申请以转送方式处置,不符合行政复议的规定。现原告要求被告继续履行法定职责,理由正当,依法应予支持。据此,依照《中华人民共和国行政诉讼法》第五十四条第(三)项之规定,责令被告绍兴市城市管理行政执法局在本判决生效后依照《中华人民共和国行政复议法》规定的期限对原告姚正峰 2013 年 8 月 14 日提出的行政复议申请做出书面决定。

此外,在"三改一拆"进程中,也有部分干部因为接受贿赂,做出选择性执法的事实。如王建福、黄立强等5名被周杰宝案牵涉出的行贿人。2009年,做生意的王建福在柳市镇买了6间地基准备建成商品房。当时房屋规划审批是6层,但他打算将房子盖至8层。王建福与周杰宝熟识,便请周杰宝多关照,并暗示事成后会给周杰宝好处费。2010年10月,当王建福的房屋盖至6层时,被列入拆违范围。王建福找周杰宝帮忙,周杰宝回复说拆除只是"表面上的工作"。在周杰宝关照下,王建福的房屋只被拆去了一些架子,割了些无关紧要的钢筋。事后,房屋顺利完工。

2013年5月,周杰宝打电话给王建福,以手头有点紧为由向他"借"款20万元。王建福心知肚明这个"借"的意思,把20万元给周杰宝后,又追加了10万元。除王建福外,乐清市检察院还查出,2011年至2014年间,另有黄立强、郑建阳等4人为使自己或他人的违法建筑建成或不被拆除,向周杰宝及工作人员李某、虞某、刘某(另案处理)等人请托,送给相关国家工作人员20万元至30万元不等的财物。在周杰宝等人的关照下,上述违法建筑均得以建成或未被拆除。此类选择执法被发现后,当事人已被起诉。此类违法,一般可通过规章制度进行严格查处。如丽水市缙云县专门制订出台了《"三改一拆"工作巡视督导方案》,对"三改一拆"工作中执行不力、存在弄虚作假等行为的单位和个人,进行巡视督导、教育,情节严重的按相关规定进行责任追究。再如嘉兴市秀洲区区委做出的《关于严明纪律确保全区"三改一拆"等工作顺利推进的通知》。该通知要求,各级党组织要切实加强对党员干部的教育和管理,规范党员干部在"三改一拆"等工作中的行为,督促党员干部严格执行"五带头"和"八不准"。各级纪检监察机关要加强监督检查,对在"三改一拆"等工作过程中,违反有关规定的行为,要发现一起,查处一起,并视情节轻重给予约谈、通报批评、组织处理和纪律处分,涉嫌犯罪的,移送司法机关处理。

同时,要加大舆论监督力度,对典型案例进行曝光,并公开了纪委电话。这一举措,在理论上能够遏制"三改一拆"的选择性执法。

六、行政机关不履行法律职责

在"三改一拆"过程中,由于业务的不熟悉或者缺乏服务型政府的精神,部分政府机关缺乏对行政相对人的诉求做出反应的意识。尤其是在部分行政机关之前的相关行为存在瑕疵的时候,行政复议、行政裁决等行政行为尤其难以得到受理。典型的例子是孙秋英诉慈溪市人民政府案(〔2015〕浙甬行初字第 37 号)。在本案中,原告孙秋英起诉称,位于慈溪市古塘街道新潮塘村姜岳路30 号房屋系原告合法所有且合理使用多年。因征地拆迁中原告与慈溪市古塘街道办事处未达成拆迁安置协议,2013 年 9 月 11日慈溪市古塘街道办事处和慈溪市国土资源局将原告上述约 35平方米的平房强制拆除。2013 年 10 月 28 日原告通过 EMS 向被告申请行政复议,被告至今未做出处理。根据《中华人民共和国行政复议法》第十九条和第三十一条的规定,被告在法定期限内未做出复议决定,已构成行政不作为,侵害了原告合法权益。故请求法院确认被告在法定期间内未做出行政复议决定违法,并责令被告继续履行行政复议职责做出行政复议决定。被告认为,原告未能提供证据证明其所称 35 平方米平房属原告所有,故相关部门的强制拆除行为与其无法律上的利害关系。原告所称被拆房屋属于慈溪市"三改一拆"专项活动范围,根据《宁波市人民政府关于印发宁波市开展"三改一拆"三年专项行动方案的通知》的规定,为保证慈溪市"三改一拆"工作顺利进行,被告暂时未予受理涉及"三改一拆"的复议申请。但是被告的理由并未得到法院的认可。法院认为,原告认为其合法建筑于 2013 年 9 月 11 日被慈溪市国土资源局与慈溪市人民政府古塘街道办事处强制拆除,于 2013 年 10 月 28 日向慈溪市人民政府申请行政复议,符合《中华人民共和国行政复议法》第六条第(十一)项和第九条的规定。《中华人民共和国行政复议法》第十七条和第三十一条第一款规定,行政复议机关收到行政复议申请后,应当在五日内进行审查,对不符合本法规定的行政复议申请,决定不予受理,并书面告知申请人;对符合本法规定,但是不属于本机关受理的行政复议申请,应当告知申请人向有关行政复议机关提出。除此之外,行政复议申请自行政复议机关负责法制工作的机构收到之日起即为受理。除法律规定的行政复议期限少于六十日外,行政复议机关应当自受理申请之日起六十日内作出行政复议决定;情况复杂,不能在规定期限内作出行政复议决定的,经行政复议机关的负责人批准,可以适当延长,并告知申请人和被申请人;但是延长期限最多不超过三十日。被告于 2013 年 10 月 29 日收到原告的复议申请,至 2014 年 1 月 4 日原告起诉时仍未作出复议决定,超过法定期限。因此,责令被告慈溪市人民政府于本判决生效之日起六十日内对孙秋英的行政复议申请作出复议决定。

此外,部分政府机关同样有时会不回应行政许可的请求。如在江山市区大亿广告美术工作室诉常山县住房和城乡规划建设局案(〔2015〕衢常行初字第 10 号)中,原告向被告常山县住房和城乡规划建设局递交户外广告申请报告及相关资料,被告收到后,于 2014 年 12 月 29 日作出的常规许不予字〔2014〕第 004 号不予行政许可决定,决定对原告的许可申请不予许可。原告认为:(1)《常山县中心城区及高速公路沿线户外广告专项规划》,以及县政府的批复,不能作为被告作出不予行政许可的决定的依据,因为该规划没有作为行政许可的依据予以公示,被告也未提供证据证明该规划已经对外公示。(2)从规划的内容本身看,原告的申请符合该规划的要求。原告申请的位置是在高速公路两侧边沟以外 30—50 米建筑控制区内可设置广告设施的区域,也不在规划规定的"高速公路两侧边沟以外 30 米建筑控制区以外到第一层建筑界面之间"禁止设置大型户外广告的区域之内。被告没有证据证明原告申请的位置是在禁止设置的区域之内。(3)《常山县人民政府办公室关于印发常山县高速公路及普通国省道公路沿线广告牌专项整治工作方案的通知》不能作为被告不予许可的依据。规划的科学性、合理性、合法性等,均尚有待司法审查确认。(4)《关于在全省开展"三改一拆"三年行政的通知》、《浙江省"四边三化"活动方案》和常政办发〔2014〕121 号的通知,均不属于法律、法规,不能作为行政许可的依据,因此被告作出的不予许可决定适用法律错误。综上,原告认为,被告作出的不予行政许可的决定适用法律错误,违背客观真实,理当予以撤销。原告的行政许可的申请,内容和形式均符合法定要求,被告理应作出行政许可决定。现被告不予许可,故诉至法院,诉讼请求如下:(1)依法撤销被告作出的常规许不予字〔2014〕第 003 号不予行政许可决定书。(2)判令被告作出准予原告设置户外广告的行政许可决定。法院认为,被告在作出《不予行政许可决定书》(常规许不予字〔2014〕第 003 号)时,认为原告申请不符合《浙江省"四边三化"活动方案》(浙委办〔2012〕87 号)、《关于在全省开展"三改一拆"三年行政的通知》(浙政发〔2013〕12 号)及《常山县人民政府办公室关于印发常山县高速公路及普通国省道公路沿线广告牌专项整治工作方案的通知》(常政办发〔2014〕121 号)的整治要求及相关城乡规划,遂依照《中华人民共和国行政许可法》第三十八条第二款的规定,作出不予行政许可的决定。本院认为,行政机关作出不予行政许可决定,依法应当说明理由,该理由应当符合法律、法规的规定,即不予行政许可应当具有法律、法规和规章的依据。而被告所列的政府文件均不属于法律、法规或规章,所依据的"相关城乡规划",也无该决定依据的法律名称和条款,故被告作出该行政行为应视为没有法律依据,属适用法律错误,依法应予撤销。原告关于被告所作行政行为适用法律错误、依法应予撤销的意见和诉讼请求,法院予以采纳。

　　这些情况主要是政府机关的懒政。要解决这一问题,上级督查必不可少。为管控新增违建和解决"懒政"问题,2016 年,省"三改一拆"办在督查督办的基础上,首次创设约谈制度。当年 4 月,全省"三改一拆"工作现场推进会提出,如果发生单体 1000 平方米以上的新增违建,追究相关领导的责任,由市县处理;如果发生单体 5000 平方米以上的,追究县(市、区)主要领导的责任。同年 9 月,省"三改一拆"办召开约谈会议,首次约谈 3 宗新增违建所在县(市、区)领导。3 宗新增违建已被依法拆除,有关当事人和责任人都受到不同程度的责任追究。部分督查组进行了暗访。暗访期间,督查组曾顶着烈日,深入各乡镇(街道)走访了 105 个自然村、360 多户百姓,重点对农村农民新建房情况、农村生活污水治理接户和运维情况、河道水质及保洁情况、规模化生猪养殖场污水处理情况等进行实地查看。这一政策有效地处理了大量懒政问题。

七、行政征收过程存在不当

　　在"三改一拆"过程中,部分行政机关希望借着"三改一拆"的东风,解决之前行政征收上的遗留问题。行政征收与"三改一拆"行为的交错,经常导致政府机关无暇顾及相关法律,最终导致法院难以承认行政行为的合法性。一个值得警醒的例子是义乌市九联砖瓦厂诉义乌市人民政府、义乌市国土资源局案(〔2014〕浙金行初字第 50 号)。在该案中,2013 年因义乌市环城南路与佛堂交叉口改造工程,义乌市政府需要征收原告位于环城南路旁的部分土地和其上的房屋。7 月 31 日,义乌市发展和改革委员会下达《关于环城南路与佛堂交叉口改造工程项目建设建议书兼可行性研究报告的批复》,同意该项目的建设,由义乌市江东开发建设管理办公室(该办公室后并入义乌市城市投资建设集团有限公司)负责实施。10 月 8 日,浙江国信房地产土地估价咨询有限公司受托在对征收范围内的房屋和附属物进行评估后,出具评估报告,所涉房屋和附属物的价值为 1272676 元。2013 年 12 月至 2014 年元月间,在未先补偿的情况下征收范围内的房屋和附属物被拆除。2014 年 3 月 5 日,义乌市政府公布《征地方案公告》,公告称 1 月 27 日浙江省人民政府批准该项目的土地征收,4 月 22 日,义乌市国土资源局公布《征地补偿、安置公告》,并由义乌市统一征地办公室支付安置补偿款项。至此,原告方知被告的征收实施行为违法。故诉至法院,请求确认 2013 年 7 月至 2014 年 1 月期间被告对原告的土地征收实施行为违法。

而义乌市政府认为,(1)原告无诉讼主体资格。涉案土地及房屋早已被征收并已补偿。2005 年 11 月 29 日,义乌市江东街道办事处因塔下洲小区配套工程所需,与九联砖瓦厂签订了一份拆迁补偿协议书。协议书已明确将拆除九联砖瓦厂内的所有建筑物及其附属设施,拆迁补偿费共计 1060453.2 元,原告应当在同年 12 月 20 日前将拆迁房腾空。如在规定时间内腾空予以总额 5% 的奖励。如其未按协议腾空,义乌市江东街道办事处有权依法拆除。2006 年 6 月 27 日义乌市江东街道办事处已全额支付拆迁补偿费及奖励费共计 1113475.8 元。原告诉称的"2013 年 12 月至 2014 年元月间,在未先补偿的情况下征收范围内的房屋和附属物被拆除"该事实不存在,拆除系义乌市江东街道办事处结合"三改一拆"和依据 2005 年 11 月 29 日双方签订的协议行为,与 2014 年 3 月 5 日义乌市人民政府公布的《征地方案公告》无关。另涉及九联砖瓦厂的土地征收于 2003 义土字〔2003〕第 16 号已完成建设用地项目呈报和批准。(2)被告的具体行政行为程序合法,适用法律、法规及规范性文件正确。2013 年 7 月 31 日义乌市发展和改革委员会下达《关于环城南路与佛堂交叉口改造工程项目建议书兼可行性研究报告的批复》,同意进行环城南路与佛堂交叉口改造工程,2014年1月27日浙江省人民政府批准该项目的土地征收,2014年3月5日,义乌市政府公布《征地方案公告》,4月22日义乌市国土资源局公布征地补偿、安置公告,并由义乌市统一征地办公室支付安置补偿款项。但上述行为都不涉及原告利益,原告对已经进行拆迁补偿的房屋和附属物再次起诉赔偿126万元,是一种明知故意的行为,涉嫌刑事犯罪,如不自行纠正应当予以追究。综上,请求法院依法驳回原告的起诉。

通过质证,法院认为:根据《中华人民共和国土地管理法实施条例》第二十五条之规定,征收土地方案经依法批准后,由被征收土地所在地的市、县人民政府组织实施,义乌市政府具有土地征收实施行为的法定职权。土地征收实施行为系由一系列环节构成,包括公告征地方案、征地补偿登记、公告征地补偿安置方案、实施征地补偿安置方案、交付被征收土地等,虽然原告诉讼请求只针对2013年7月至2014年1月期间的征地实施行为,其真实意思应当是这段时间拆除房屋所涉及的土地征收实施行为,该具体行政行为系一个整体,法院仍对土地征收整个行为的合法性进行审查。义乌国土局依法应承担的拟订征地补偿安置方案、公布补偿安置方案、实施补偿安置方案等,虽均以自己名义进行,这些具体行政行为属于整个征地实施行为中的一部分,在征地实施行为案件中的法律后果归属于义乌市政府。各方当事人在庭审中均认为,2014年后的《征地方案公告》《征地补偿、安置公告》等与本案无关,故本案审理对象为(浙土字〔2003〕第10723号)土地征收批准后涉及的土地征收实施行为。义乌市政府只提供了征收红线图局部,但在法庭上出示过完整的征收红线图,被告不能合理解释标注的征地面积大于批准的征地面积以及给塔下洲村、九联村的征地补偿费为何超过了征地补偿协议约定的金额问题;同时提供证据不完整、不全面；与塔下洲村委员会、九联村委会签订补偿协议的征地实施行为早于征地批准行为；而且在 2003 年土地征收批准后至 2014 年元月的十年时间内，土地征收实施行为仍未完成，明显属于不适当延迟。故应确认义乌市政府涉案土地征收实施行为违法。

另一个有意思的例子来自绍兴。在王强诉诸暨市人民政府案（案〔2013〕浙绍行初字第 6 号）中，原告在位于暨阳街道小陈家村拥有房屋一处。2013 年 4 月底，原告收到诸暨市人民政府暨阳街道办事处、诸暨市永兴房屋拆迁服务有限公司联合发出的《房屋征收通知书》称：原告前述房屋已被列入城北区域工程建设征收范围，并告知了签约、搬迁、安置等事宜。但此后并未有任何机构、人员向原告告知相关房屋征收具体事宜，或与原告协商房屋征收的补偿、安置事宜。2013 年 5 月 26 日，诸暨市人民政府暨阳街道办事处组织人员对原告前述房屋予以强制拆除。后原告获悉，被告于 2013 年 4 月 16 日作出《房屋征收决定》，征收范围涉及原告的前述房屋。根据《中华人民共和国土地管理法》《浙江省实施〈中华人民共和国土地管理法〉办法》等相关法律、法规的规定，对房屋（土地）实施征收须经过审批手续：土地征收报国务院或省级人民政府批准；土地利用总体规划应报省人民政府或其授权的设区的市人民政府批准；涉及农用地转为建设用地的，应当依法办理农用地转用审批手续等。原告的前述房屋系集体土地上的房屋，在未办理相关审批手续的前提下，任何单位无权决定征收。原告请求：撤销被告作出的《诸暨市人民政府关于暨阳街道城北区域工程建设房屋实施征收决定》。而被告诸暨市人民政府辩称：（1）原告所在小陈家村地处我市城市规划区范围，属城中村。是市委市政府确定的"三改一拆"当中城中村改造的范围。我市政府按照省政府、绍兴市政府的统一部署开展"三改一拆"这项工作。（2）讼争房屋征收决定针对的是房屋征收，包括征收国有土地上的房屋和集体土地上的房屋,未涉及土地征收。目前我国法律中尚无集体土地上房屋征收的相关规定。根据《最高人民法院关于审理涉及农村集体土地行政案件若干问题的规定》(法释〔2011〕20号)的规定,农村集体房屋所在地已纳入城市规划区,可以参照执行国有土地上房屋征收补偿标准。故涉案房屋征收决定中房屋征收补偿问题可一并适用《征补条例》的规定。(3)原告在房屋征收公告后,与相关部门就房屋补偿、安置等事项在平等、自愿的基础上达成共识,并作出腾房并交给征收组拆除的承诺。证明原告对征收公告认可。现原告对房屋征收公告提起诉讼,属滥用诉权。(4)原告房屋经过翻建,未经审批,属违章建筑。但是法院忽略了"三改一拆"问题,更未重视房屋征收问题。法院认为,被告作出的集体土地上房屋征收决定无法律依据。根据《中华人民共和国物权法》第四十二条第一款规定"为了公共利益的需要,依照法律规定的权限和程序可以征收集体所有土地和单位、个人的房屋及其他不动产"。由此,对集体土地及之上的房屋等不动产的征收必须依照法定权限和程序进行。《中华人民共和国立法法》第八条第(六)项亦规定:"下列事项只能制定法律:(六)对非国有财产的征收;……"鉴于我国法律并未对行政机关单独征收集体土地上房屋作出规定,本案被告并无单独征收集体土地上房屋的法定职权。由于集体土地上的房屋与土地密不可分,而根据《中华人民共和国土地管理法》第四十五条、第四十六条、第四十七条、第四十八条的规定,国家征收土地的,必须依照法定程序批准,由县级以上地方人民政府予以公告并组织实施。征地的补偿费用包括土地补偿费、安置补助费以及地上附着物和青苗的补偿费等。故对集体土地上房屋的征收和补偿行为应当作为集体土地征收过程中对地上附着物的征收和补偿行为的重要组成部分。被告诸暨市人民政府在未履行涉案土地征收的各项审批手续前,即作出对集体土地上房屋征收决定无法律依据。

因此,法院作出判决:确认被告诸暨市人民政府作出的《诸暨市人民政府关于对暨阳街道城北区域工程建设房屋实施征收的决定》中涉及集体土地上房屋征收的部分违法。

以上的案例均存在一个特质:行政机关希望在"三改一拆"的进程中解决部分遗留问题,但行政行为的混杂反而会导致行政违法的可能性增加。因此在"三改一拆"的工作中,行政机关应当格外注意这一部分。

八、强制售卖行政相对人被扣押财物与违法影响行政 相对人营业

在"三改一拆"进程中,部分政府人员不注重工作方式,缺乏法治理念,在行政行强制后强制售卖行政相对人被扣押财物。这一行为是恶劣的违法行为,严重影响"三改一拆"进程与"三改一拆"人员的形象,也对相对人造成了二次伤害。

一个典型的例子发生在嘉兴平湖。在王功勋、杜娟诉平湖市新埭镇人民政府案(〔2014〕嘉平行初字第 9 号)中,原告王功勋、杜娟不服被告平湖市新埭镇人民政府作出的乡(镇)政府行政处理具体行政行为,提出了行政诉讼。原告夫妻俩自 2012 年 1 月份开始在平湖市新埭镇兴旺村北侧养殖生猪。2013 年 11 月 26 日,被告以"三改一拆"为名,组织相关工作人员事先将两原告及第三人夫妻加以控制,并将两原告与第三人养殖的生猪予以代售,被告明知两原告与第三人系各自养殖生猪,却在代售中未予区分。且至今未将售猪款支付两原告,致使原告的财产利益受到损害,被告在行政强制行为过程中明显存在违法。诉请判令:(1)依法判决被告 2013 年 11 月 26 日强制代售原告生猪的行政行为违法;(2)依法判决被告赔偿。被告平湖市新埭镇人民政府辩称:平湖市新埭镇兴旺村村民金道良在村部后基本农田保护区内违

法搭建猪舍 670 平方米,后出租给第三人王功坤。2013 年 4 月 16 日,被告向金道良送达《通知书》1 份,要求其承诺不再出租猪舍等,同日,向第三人王功坤送达《限期关停告知书》1 份,要求第三人在 2013 年 5 月 31 日前关停并搬离其辖区。由于第三人王功坤未在上述期限内关停并搬离养猪场,被告于 2013 年 11 月 26 日就上述猪舍内存栏的所有生猪代为出售,并将违章猪舍予以拆除,代售过程由平湖市公证处作现场清点、称重、装车等证据保全公证。被告作出上述具体行政行为所依据的规范性文件有:《中华人民共和国城乡规划法》第六十五条、《浙江省城乡规划条例》第六十条。在此之前,第三人从未向被告提及、披露原告,也未告知被告其与原告系分开养殖生猪。涉案猪舍由第三人承租,并由其作出《违章猪舍延期拆除承诺书》、与兴旺村村委会签订《违章猪舍拆除协议》,被告亦将《限期关停告知书》送达给第三人,被告的行政行为系对第三人作出,现原告提起诉讼,主体资格不适格。

法院认为,本案当事人争议的焦点是:1. 被告强制拆除猪舍及代售生猪的具体行政行为是否违法;2. 原告及第三人要求被告赔偿损失或返还售猪款的诉讼请求能否得到支持。

首先,《中华人民共和国城乡规划法》第六十五条规定:"在乡、村庄规划区内未依法取得乡村建设规划许可证或者未按照乡村建设规划许可证的规定进行建设的,由乡、镇人民政府责令停止建设、限期改正;逾期不改正的,可以拆除。"《浙江省城乡规划条例》第六十条规定:"未取得乡村建设规划许可证或者未按照乡村建设规划许可证的规定进行建设的,由乡(镇)人民政府责令停止建设、限期改正;占用乡村公共设施用地、公益事业用地等情节严重的,应当予以拆除。"可见,被告平湖市新埭镇人民政府具有对其行政辖区内违反规划许可管理规定的建设行为作出责令停止建设、限期改正及予以拆除的法定职责,但该职责仅限于在乡、村庄规划区内的违法建筑,现被告没有提供证据证实涉案猪舍建在乡、村庄规划区内,从而无法确定被告是否具备实施强制行为的主体资格。《中华人民共和国土地管理法》第七十六条规定:"未经批准或者采取欺骗手段骗取批准,非法占用土地的,由县级以上人民政府土地行政主管部门责令退还非法占用的土地,对违反土地利用总体规划擅自将农用地改为建设用地的,限期拆除在非法占用的土地上新建的建筑物和其他设施,恢复土地原状,对符合土地利用总体规划的,没收在非法占用的土地上新建的建筑物和其他设施,可以并处罚款;……"对于未经批准非法占用土地的,应由县级以上人民政府土地行政主管部门实施强制行为。综上,被告在本案中不具备行政强制执行的主体资格。

此外,涉案强制行为发生在 2012 年 1 月 1 日之后,应当符合《中华人民共和国行政强制法》的规定,即应当依照该法第三十五条至第三十八条的规定,向行政相对人作出书面催告、听取其申辩,然后再依法作出强制执行决定书并送达给行政相对人。而被告并没有按照以上规定的程序实施强制行为。因此,即使被告具备实施强制行为的主体资格,其强制拆除及代售行为程序亦违法。但因涉案猪舍内养殖的生猪已被代为出售,被诉行政行为不具有可撤销内容,本院应确认被告的上述行为违法。

其次,根据平湖市公证处制作的《现场工作记录》及本案其他证据,可以认定被告平湖市新埭镇人民政府此次代售的生猪数量为 325 头,总重量为 44320 公斤,另有一头生猪因伤未装运,总计生猪数量为 326 头,售猪款合计 630850 元尚在被告处。现两原告认为,由于被告的原因导致其经济损失 374238 元,并要求被告予以赔偿;第三人认为,其养殖的生猪数量为 171 头,售猪款按当时市场价计算为 414888 元,要求被告予以返还并赔偿其他经济损失 50000 元。法院认为,被告在明知两原告与第三人合租猪舍、各自从事生猪养殖的情形下,却在组织实施代售生猪过程中,未加以区分,其行为存在过错。因此,法院确认被告平湖市新埭镇人民政府于 2013 年 11 月 26 日强制代售原告王功勋、杜娟及第三人王功坤养殖的生猪的具体行政行为违法。

另一种常见的行政违法是阻止行政相对人的正常营业,以逼迫行政相对人拆除违法建筑。这种土政策同样是违法的。在诸暨市暨东畜禽专业合作社诉诸暨市人民政府浣东街道办事处案(〔2016〕浙 0681 行初 13 号)中,原告暨东畜禽合作社诉称:暨东畜禽合作社原系暨东村陶湖自然村村民斯永信、袁建英夫妇共同创办的生猪养殖场。该养殖场占地面积 12000 余平方米,所用土地为斯永信向本村承包的山地。养殖场自创办后逐步发展,并于 2008 年经依法登记成立暨东畜禽合作社,专业经营生猪养殖销售。原告投入了大量人力和资金,养殖场的环保、防疫、工商、土地等都符合规定要求。2014 年 5 月,被告向原告发出《畜禽养殖场关停通知书》,责令原告于 2014 年 6 月 30 日前做好养殖场的关停工作,逾期不关停的,将组织力量进行强制关停。2014 年 10 月至 2015 年 3 月期间,被告在没有合法依据,未履行法定程序的情况下,对原告的养殖场以违章建筑为由,分五次进行强制拆除。原告认为:(1)养殖场用地属于设施农用地范围,无需办理农用地转用审批手续,且相关部门根据规定已为原告办理备案手续,故养殖场系合法建筑。(2)被告强制拆除前未进行调查,未听取原告陈述申辩,未告知原告听证和诉讼的权利,也未履行公告程序。三、养殖场是否属于违章建筑,被告无权作出认定,而应当由有权机关按照法定程序进行认定,并对是否予以拆除作出行政决定。四、强制拆除过程中,养殖场的内外设施、设备全部被毁,但被告在强制拆除时未依法采取必要的证据保全措施。故被告强制拆除的行政行为违法。同时,因被告违法强制拆除给原告造成巨大的经济损失,被告应承担赔偿责任。综上,请求法院:(1)确认被告强制拆除原告位于诸暨市浣东街道暨东村的养殖场的行政行为违法;(2)判令被告赔偿原告经济损失。被告浣东街道办事处辩称:(1)原告的生猪养殖场系未经批准擅自建造的违章建筑。因 2013 年开始的水环境整治、"三改一拆"、"五水共治"等工作需要,该养殖场被列入关停拆除范围。被告于 2014 年 3 月 7 日向原告发出《限期改正违法(章)行为通知书》,通知其自行拆除,又于 2014 年 4 月 29 日向原告发出《畜禽养殖场关停通知书》,要求原告限期自行关停并拆除养殖场。且被告也理解养殖户的实际困难,并未在生猪尚未清理完毕前采取强制拆除措施,而是待养殖户清理完生猪、腾空猪舍后再分批拆除。(2)原告要求赔偿损失 7027603 元依据不足。该养殖场的建筑物为违章建筑,依照法律规定不应赔偿。且鉴于关停拆除过程中确给养殖户造成一定的损失,被告专门出台政策,已对养殖户的生猪予以补助,原告也根据政策自愿向被告提交了补助申请,被告已于 2015 年 7 月 6 日将补助款 1278100 元支付给原告。(3)本案原、被告间实际为行政补偿合同关系。根据上述补助政策,原告同意自愿关停拆除作为获取补助的前提条件,并接受了补助资金,故养殖场的损失已得到补偿。原告在双方已全部履行行政补偿合同的前提下,仍提出行政赔偿诉讼,有违诚实信用原则,且该诉讼不属行政诉讼受案范围,依法应予驳回。

但是法院查明,原告建造养殖场未经国土、规划等职能部门审批许可;被告在强制拆除该养殖场前未作出行政处罚决定、行政强制执行决定,未依法催告原告履行拆除义务,强制拆除过程中也未制作现场执行笔录。《中华人民共和国行政强制法》第三十五条规定,行政机关作出强制执行决定前,应当事先催告当事人履行义务。第三十六条规定,当事人收到催告书后有权进行陈述和申辩。第三十七条规定,经催告,当事人逾期仍不履行行政决定,且无正当理由的,行政机关可以作出强制执行决定。第四十四条规定,对违法的建筑物、构筑物、设施等需要强制拆除的,应当由行政机关予以公告,限期当事人自行拆除。当事人在法定期限内不申请行政复议或者提起行政诉讼,又不拆除的,行政机关可以依法强制拆除。本案中,原告未经法定的审批许可建造涉案养殖场,是否违反相关法律并须予以拆除,应由相关职能部门依法进行调查、认定和处理。即使涉案养殖场属于违法建筑,被告浣东街道办事处在未自行作出或未经相关职能部门作出限期自行拆除决定,且未履行法定程序即径行强制拆除涉案养殖场,缺乏执行依据,违反法定程序。鉴于该行为已不具有可撤销内容,原告暨东畜禽合作社起诉要求确认被告强制拆除涉案养殖场的行为违法,理由成立,因此法院确认被告诸暨市人民政府浣东街道办事处强制拆除原告诸暨市暨东畜禽专业合作社位于诸暨市浣东街道暨东村的养殖场的行政行为违法。

解决这一问题的关键在于,加强依法执政的教育,规范执法程序。平阳地区认为:为实现规范执法,建议制定简明的处置违法建筑工作流程。工作流程主要包括六个部分:第一,职责分工,也就是上述的区域管辖分工和层级管辖分工。第二,措施分类,对停止建设、限期改正、补办手续、强制拆除和没收违法所得等措施进行分类。第三,规范流程,对各种处置措施涉及到的违法认定、陈述申辩、公告、作出决定、送达、执行等执法环节进行流程规范。第四,规范文书,对事先告知书、陈述申辩通知书、公告、决定书、送达回执等要使用的法律文书,制定标准文本。第五,完善执法机制。首先是充分授权。目前"拆违"的执法权分散在城管、规划、国土、乡镇街道等各个部门,不利于统一执法,建议对综合执法部门进行充分授权,并推进综合执法重心下移,防止相关职能部门推诿扯皮。其次是统一受理。开通统一的违法建筑举报平台并对查实的举报信息给予奖励。最后是快速处置。建立快速反应机制,对正在施工和新搭建违法建筑的行为,接到举报后要及时到现场进行处置,在现场快速确认违法建筑性质后第一时间进行拆除。第六,加强执法手段。以最小比例强制拆除。一方面,要紧紧依靠基层组织,以强势的舆论导向、细致的思想工作、完善的配套政策作引导,提高自拆、助拆比例。另一方面,在实际操作中,要尽量多用相对柔性的行政措施,譬如责令停止建设、限期改正、限期拆除等,尽量少用强制拆除、限制人身自由、治安处罚等对抗性较强的行政手段。这些手段对于阻止违法行政都有良好的作用。

九、行政复议违法

行政复议是一项重要的准司法行为。通过行政复议,违法"三改一拆"行政行为可得到纠正,"三改一拆"工作也能得以顺利进行。浙江省"三改一拆"工作非常重视行政复议。《浙江省人民政府法制办公室关于加强行政复议工作依法保障"三改一拆"行动的意见》指出,改造旧住宅区、旧厂区、城中村和拆除违法建筑三年行动,是省委、省政府立足科学发展、改善民生、促进和谐作出的重要工作部署。各级政府法制办必须充分认识开展"三改一拆"行动的重要性和紧迫性,采取有力措施,加强行政复议工作,依法、及时、妥善处理矛盾纠纷,保障"三改一拆"全面推进。但是在具体执行过程中,部分政府机关对"三改一拆"的行政复议问题认知不到位,执行不准确,依然造成了部分行政复议的违法。

一个典型的例子是浙江景宁永卓不锈钢管有限公司诉景宁畲族自治县国土资源局(〔2015〕丽松行初字第 37 号)。原告诉称,2007 年由景宁县长、常务副县长以及景宁县相关部门主要领导在温州组织召开招商引资动员大会,承诺负责落实被引进企业项目用地,协助被引进企业办理各种证照、项目申报立项等手续,为被引进企业的建设和运营提供优惠的政策。原告股东正是基于对景宁县委、县政府的高度信任,才投入巨资到景宁创办企业。原告进入景宁后,经政府及有关部门协调,原告办理了土地租赁、工商注册登记、税务登记、环保、立项等手续,并承诺两年内给原告办理土地证。在当地政府及有关部门的大力扶持和帮助下,原告投入巨资建设厂房、购置设备、招聘培训农民工,培育市场,生产经营一步步走向正规,为解决当地农民工就业及促进地方经济发展作出了巨大贡献。但是,令原告始料未及的是,原告突然收到了被告景宁畲族自治县住房和城乡建设局、景宁畲族自治县国土资源局共同作出的《限期拆除通知书》,称原告是擅自违法建设厂房,违反了《中华人民共和国城乡规划法》第四十条和《中华人民共和国土地管理法》等有关法律、法规。责令原告自行拆除。原告不服被告景宁畲族自治县住房和城乡建设局、景宁畲族自治县国土资源局作出的上述《限期拆除通知书》,依法申请行政复议,被告景宁畲族自治县人民政府作出复议决定予以维持。原告认为:原告是景宁县委、县政府招商引资引进的企业,从建厂之初的建设项目用地等手续都是政府及有关部门负责协调落实办理,是政府及有关部门同意并帮助原告建设的厂房,根本不存在原告"擅自违法建设"之说。且建设用地符合规划要求,不属严重违反规划不能采取改正措施消除影响必须予以拆除的情形;被告景宁畲族自治县住房和城乡建设局、景宁畲族自治县国土资源局作为各自独立的行政机关,职权范围和履职依据不同,联合对原告作出限期拆除的处罚不仅没有事实和法律依据,而且相互矛盾;被告景宁畲族自治县住房和城乡建设局、景宁畲族自治县国土资源局也没有按照法定的程序作出处罚,剥夺了原告的陈述、申辩和申请参加听证的权利。因此,被告景宁畲族自治县住房和城乡建设局、景宁畲族自治县国土资源局作出的《限期拆除通知书》没有事实和法律依据,程序和实体均严重违法。但是,由于作为复议机关的被告景宁畲族自治县人民政府实际是招商引资给予原告各项优惠政策支持并直接给予原告提供建设用地的主体,此次以拆除违建名义对招商引资企业进行清理的活动实际也是被告景宁畲族自治县人民政府组织实施的,因此被告景宁畲族自治县人民政府不可能依法正确履行复议职责以纠正自己的违法行为,其作出的复议决定严重错误,应予撤销。由于景宁县政府对原告等企业招商引资时得到了丽水市政府等的大力支持和肯定,且同类系列案件涉及的企业众多。因此,本案在景宁县、丽水市甚至浙江省范围内都有重大影响。综上所述,原告特提起诉讼,请求人民法院依法支持原告的要求确认被告景宁畲族自治县住房和城乡建设局、景宁畲族自治县国土资源局共同作出的联字〔2015〕第27号限期拆除通知违法及撤销被告景宁畲族自治县人民政府作出的景政复字〔2015〕13号行政复议决定的诉讼请求,维护原告的合法权益,促进被告依法行政。此处,被告辩称:根据《中华人民共和国城乡规划法》《浙江省"三改一拆"行动违法建筑处理实施意见》等规定,原告的厂房系违法建筑,应予以限期拆除。景宁畲族自治县住房和城乡建设局与景宁畲族自治县国土资源局于2015年2月16日向原告共同发出联字〔2015〕第27号《限期拆除通知书》,没有影响原告合法权益,请求人民法院依法驳回原告起诉。

在该案中,法院认为,责令限期拆除行为是行政执法机关对认为违反城乡规划管理的行政相对人作出的具有制裁性和惩罚性的行政处罚性质的行政行为,属人民法院行政诉讼受案范围。依照《中华人民共和国土地管理法》《中华人民共和国城乡规划法》第四十条第一款规定,在城市、镇规划区内进行建筑物、构筑物、道路、管线和其他工程建设的,建设单位或者个人应当向市、县人民政府城乡规划主管部门或者省、自治区、直辖市人民政府确定的镇人民政府申请办理建设工程规划许可证。第六十五条规定,在乡、村庄规划区内未依法取得乡村建设规划许可证或者未按照乡村建设规划许可证的规定进行建设的,由乡、镇人民政府责令停止建设、限期改正;逾期不改正的,可以拆除。被告景宁畲族自治县住房和城乡建设局、景宁畲族自治县国土资源局在作出责令限期拆除通知前未向原告履行告知作出行政处罚的事实、理由、依据和听取原告的陈述和申辩,违反了《中华人民共和国行政处罚法》第三十一条、第三十二条关于执法程序的相关规定,构成程序违法。被告在联合作出的限期拆除通知书中未完整写明所适用的具体法律条款,未告知原告依法享有的权利,亦构成适用法律不当。据此,被诉行政行为存在违反法定程序,适用法律不当等情形,依法应予撤销。但鉴于原告的厂房已拆除,被诉行政行为不具有可撤销内容,故应依法确认被诉行政行为违法。被告景宁畲族自治县人民政府在受理原告的行政复议申请后,在行政复议过程中经行政复议机关的负责人批准,在延长后的期限内作出行政复议决定,符合《中华人民共和国行政复议法》第三十一条第一款之规定,行政复议程序合法。但由于被告景宁畲族自治县住房和城乡建设局、景宁畲族自治县国土资源局联合对原告作出联字〔2015〕第 27 号限期拆除通知的行政行为存在违反法定程序,适用法律不当等情形,致使对原告浙江景宁恒泰钢管制造有限公司就限期拆除通知的行政行为提起的行政复议申请作出的行政复议决定亦属主要证据不足,依法应予撤销。为此,依照《中华人民共和国行政诉讼法》第七十条第(二)项、第(三)项,第七十四条第二款第(一)项,第七十九条之规定,判决如下:(1)确认被告景宁畲族自治县住房和城乡建设局、景宁畲族自治县国土资源局 2015 年 2 月 16 日对原告共同作出联字〔2015〕第 27 号限期拆除通知的行政行为违法;(2)撤销被告景宁畲族自治县人民政府于 2015 年 6 月 30 日作出的景政复字〔2015〕13 号行政复议决定。

从此案可以看出,部分行政复议行为涉及企业招商引资的行为,且同类系列案件涉及的企业众多。本案在当地范围内都有重大影响,因此不得不重视。浙江省政府法制办在文件中针对这一问题,做出了良好的建议:"三改一拆"涉及规划管理、土地管理、行政处罚、行政强制等诸多法律法规和有关政策规定,而且各地情况不尽相同,各级政府法制办要根据申请人提出的事实、理由和请求,区分不同情况作出处理:(1)属于有关法律法规颁布前的历史遗留问题,或者已经信访投诉的,告知申请人按信访程序反映。(2)涉及土地权属争议的,告知申请人依照《土地权属争议调查处理办法》向国土资源部门提出申请。(3)对拆除建筑物不服的,要区分行政强制和行政处罚,依照相应的法律提出处理意见。审理因"三改一拆"引发的行政复议案件,要正确把握法律规定和政策界限,努力做好劝说、解释工作,重视发挥乡镇政府和基层自治组织的作用,力争在行政复议程序中实现"案结事了"。对确实难以调解并且事实清楚的案件,要及时提请行政复议机关依法作出行政复议决定,防止因久拖不决引发新的矛盾纠纷。

　　同时,各级政府法制办要主动参与"三改一拆"政策措施的制定工作,履行好合法性审查职责。要加强与当地法院的沟通,通过联席会议及时研究有关法律和政策适用问题,形成共识。要加强同信访工作机构的协作,相互支持,密切配合,合力化解矛盾纠纷。对行政复议中出现的重要情况,要及时报告本级政府。依照这一意见,应当可良好处理"三改一拆"复议的诸多问题。

十、违法的行政登记和行政撤销行为

　　在"三改一拆"工作中,部分地区行政部门判定违法建筑的方式多为查询建筑许可证、房屋许可证、土地使用证等证件。但是在这一过程中,部分由于历史原因造成的证件灭失,会导致"三改一拆"工作人员将原本合法的建筑认定为违法建筑进行拆除。若当事人在拆除结束后证明自身建筑的合法要求赔偿,这不仅会拖累"三改一拆"的进度,也会对"三改一拆"政策造成声誉损失。

　　一个典型的案例是吴瑞琪诉金华市金东区人民政府、金华市国土资源局案(〔2015〕浙金行初字第 102 号)。原告吴瑞琪诉称,原告曾于 1999 年 8 月因新建房屋做土地证需要,将(金县)17 集建〔1992〕字第 1812 号集体土地建设用地使用证交岭下镇人民政府土管部门工作人员。2015 年 1 月份,原告得知当年曾交镇里的集体土地建设用地使用证的诸多村民已领回土地证。遂于 1 月 22 日向镇部门干部要求取回该证,但却被告知该证已被注销无法取回。然而,对于注销一事,原告毫不知情。后向金东国土分局查询注销的档案材料,原告才得知:2001 年 8 月 17 日有人冒充原告签名捺印办理了注销申请手续,且经办人办理注销的意见系"该户房屋根据村镇规划需要已拆除,同意申报注销"。而事实上,原告该户房屋至今未拆除并使用着。原告认为,被告不依据客观事实,违反程序不事先告知、不经原告本人签字确认即予注销的行为是一种无效的具体行政行为。为维护原告的合法权益,特此提起诉讼,请求一、依法确认被告将原告名下的(金县)17 集建〔1992〕字第 1812 号集体土地建设用地使用证予以注销的行为无效。被告答辩称:(1)原告诉称的事实与客观事实不符。原告诉称其于 1999 年 8 月将(金县)17 集建〔1992〕第 1812 号集体土地建设用地使用证交岭下镇土管部门工作人员不实。实际是原告于 2001 年 8 月份将(金县)17 集建〔1992〕第 1812 号集体土地建设用地使用证交给岭下镇岭三村相关村干部,由村干部将土地使用证连同其他办证资料统一上交,以便注销该土地使用证,办理新的土地使用证。原告诉称对注销一事毫不知情不符事实。有关办理新证必须先注销老证的规定,村里的经办人员已经明确向原告告知。原告当初清楚知道上交(金县)17 集建〔1992〕第 1812 号集体土地建设用地使用证,其目的就是按照"一户一宅"的规定,注销该土地使用证,申请核发新的土地使用证。"2015年 1 月份,……但却被告知该证已被注销无法取回",是其为掩盖明知交证目的系注销老证办新证的事实而杜撰的并不存在的起诉由头。注销土地登记申请、审批表等办证资料系当时岭下镇岭三村相关村干部为原告等村民好意统一填写,原告等村民均知晓认可,不存在他人冒充的事实。(2)原告起诉理由与事实和法律不符,依法不应支持。原告老房屋未拆除,说明原告恶意以欺骗手段骗取土地登记。拆除房屋并非注销土地使用证的法定前置条件。土地使用证已被依法注销,原告未拆除的房屋属违法建筑,按"三改一拆"规定应予拆除。

在这一案件中,浙江省金华市中级人民法院认为争议的焦点问题是:(1)被告金东区政府注销(金县)17 集建〔1992〕字第 1812 号集体土地建设用地使用证的行政行为是否合法;(2)原告吴瑞琪提起诉讼是否已超过起诉期限;(3)被告金华市国土资源局的被告主体是否适格。关于焦点问题一,被告金东区政府辩称其注销登记是根据"一户一宅"的法律规定注销旧证核发新证。法院认为,被告金东区政府提供的《注销土地登记申请、审批表》中的内容及签名并非原告吴瑞琪所写,被告金东区政府也未能提供有效证据证明系原告吴瑞琪委托他人书写并已将注销登记情况告知原告吴瑞琪,因此,不能认定注销登记是依原告吴瑞琪本人的申请作出。从法院已查明的事实来看,原告吴瑞琪在岭三村确有两处房屋,注销登记的同日被告金东区政府向原告吴瑞琪核发了另一处房屋的集体土地建设用地使用权证,但被告金东区政府在《注销土地登记申请、审批表》中注明的注销登记事由并非其辩称的根据"一户一宅"的法律规定注销旧证,而是基于"该户房屋根据村镇规划需要已拆除",但该房屋至今尚未拆除。综上,被告金东区政府作出的注销登记行为主要证据不足,根据《中华人民共和国行政诉讼法》第七十条第(一)项的规定,该注销登记行为应予撤销。关于焦点问题二,法院认为,注销土地登记是涉不动产具有直接处分性的行政行为。如前所述,本案所涉注销登记行为并非依原告吴瑞琪本人的申请作出,被告金东区政府也未将注销登记情况予以告知,本案起诉期限应适用《中华人民共和国行政诉讼法》第四十六条第二款的规定,因不动产提起诉讼的案件自行政行为作出之日起二十年,故原告吴瑞琪提起的诉讼没有超过起诉期限。关于焦点问题三,被告金华市国土资源局并非作出本案行政行为的行政主体,其被告主体不适格,应当驳回原告对其的起诉。综上,依照《中华人民共和国行政诉讼法》第七十条第(一)项、《最高人民法院关于适用〈中华人民共和国行政诉讼法〉若干问题的解释》第三条第一款第(十)项之规定,判决撤销被告金华市金东区人民政府作出的注销(金县)17 集建〔1992〕字第1812 号集体土地建设用地使用证的行政行为。

从本案的处理过程中,研究者可以发现,即使被"三改一拆"政策拆除的土地,若本身证明自身建筑的合法,当地政府同样要为其负责。因此,各地区政府在排除违法建筑时,应当注意工作方法,注重给予行政相对人申辩机会,制定合理政策,小心排查违法建筑。

十一、行政补偿不当

在"三改一拆"进程中,行政补偿不当属于典型的次生问题。在涉及"三改一拆"行为的行政行动违法后,地方政府应当对被误拆的建筑及行政相对人损失的其他财物进行赔偿。在赔偿过程中,部分行政机关由于工作方式或缺乏法律知识,有时会在行政赔偿的认定、方式、数额等问题上存在误判。这将导致行政赔偿行为涉及违法,给"三改一拆"工作带来意想不到的麻烦。

典型的如陈惠民、陈超然等诉杭州市国土资源局萧山分局案(〔2014〕杭萧行初字第 73 号)。本案原告认为:位于杭州市萧山区新塘街道半爿街社区转坝 39 号的案涉房屋是陈惠民的祖屋。原告陈惠民持有该房屋的房屋产权证和土地证。2013 年秋,半爿街社区实施城中村改造,该社区居民在 20 年前已经由村民转为居民,土地性质也由集体转为国有。第三人在拆迁过程中未向原告出示过拆迁相关文件,直至 2014 年 9 月在被告萧山国土局组织的协调会上原告才看到《萧山日报》上刊登的拆迁许可证。原告认为,第三人实施的拆迁程序违法。案涉房屋是建于清代中期的已有 200 多年的古民居,属于大运河保护范围。另外,第三人作出的房屋评估价格明显偏低。萧山国土局在法庭上辩称:第三人新塘街道因半爿街社区城中村改造需要,依法申请领取了萧土资拆许字〔2013〕第 16 号《房屋拆迁许可证》,拆迁范围东至新塘街道董家埭社区,西至通惠南路、萧然工贸有限公司,南至通达小区、人民路、合丰进出口有限公司、萧然工贸有限公司,北至城河,总计 6 个区块,原告案涉房屋位于本次拆迁范围内。2013 年 5 月 21 日,经湘湖公证处抽签确定具有房地产估价机构一级资质的上海八达国瑞房地产土地估价有限公司萧山分公司(以下简称"国瑞评估公司")为承接萧山区新塘街道半爿街社区所属范围拆迁房屋评估机构的中签单位,与第三人签订了《评估委托协议书》。2013 年 10 月 25 日,国瑞评估公司就原告的房屋出具八达国瑞萧评〔2013〕新 C 字第 001—0135 号《房屋拆迁补偿价格估价分户报告》。原告对该评估报告口头提出异议后,国瑞评估公司对该评估报告进行了复核,维持了第一次评估结果。2014 年 7 月 30 日,因拆迁双方未在搬迁期限内签订书面协议,第三人以双方对房屋拆迁补偿金额有争议导致无法按时签约为由向被告提出裁决申请。被告经审查后,于当日受理了该裁决申请,并于 2014 年 8 月 13 日召开调解会组织各方调解,但未达成调解协议。后被告向拆迁双方发出《催促签订拆迁补偿安置协议通知书》。2014 年 9 月 10 日,被告作出萧土资裁字〔2014〕第 25 号《房屋拆迁争议裁决书》,并送达各方当事人。原告案涉房屋所占用的土地性质为集体建设用地,应按照农村集体所有土地上房屋拆迁进行赔偿。虽然《土地管理法实施条例》第二条第（五）项规定："农村集体经济组织全部成员转为城镇居民的，原属于其成员集体所有的土地。"但《国务院法制办公室、国土资源部关于对〈中华人民共和国土地管理法实施条例〉第二条第（五）项的解释意见》（国法函〔2005〕36号）第一条对该项法条进行了进一步阐释："对该项规定，是指农村集体经济组织土地被依法征收后，其成员随土地征收已经全部转为城镇居民，该农村集体经济组织剩余的少量集体土地可以依法征收为国家所有。"《国务院关于深化改革严格土地管理的决定》（国发〔2004〕28号）第二条也规定："农村集体建设用地，必须符合土地利用总体规划、村庄和集镇规划，并纳入土地利用年度计划，凡占用农用地的必须依法办理审批手续。禁止擅自通过'村改居'等方式将农民集体所有土地转为国有土地。"可见《土地管理法实施条例》规定的集体土地转为国有土地的情形，仍需要以征收为前置条件，即仍需要依法经过农转用审批手续才能引起土地性质的转变。而在案涉拆迁行为之前，案涉地块从未向浙江省人民政府办理过农转用（征）的审批手续，半爿街社区虽然已经转制，但案涉地块性质仍为集体土地。而原告目前仍持有《集体土地建设用地使用证》，更说明其房屋下土地的集体性质。根据《土地管理法》第四十七条第一款规定："征收土地的，按照被征收土地的原用途给予补偿。"因此，案涉地块应当适用集体所有土地房屋的相关规定及标准对其进行补偿。原告的房屋并非应受保护的文物，可以列入被征迁房屋范围。被告在受理案涉裁决申请后，收到原告提交的行政裁决答辩状、照片等相关资料，称其所住的房屋属于大运河遗产，应予保护。故被告于2014年8月7日向杭州市萧山区博物馆（杭州市萧山区文物保护管理所）致函，询问原告房屋是否属于大运河遗产及文物情况。2014年8月11日，杭州市萧山区博物馆（杭州市萧山区文物保护管理所）复函称："1. 该民居目前不属于《文物法》等相关法律法规所规定的各级文物保护单位和文物保护点;2.该民居没有列入大运河沿线的遗产点名单;3.该民居没在"三改一拆"过程中建议保留的102处乡土建筑名单内。"因此,被告认为,原告称其房屋属于应保护文物没有法律依据,可以列入征迁房屋范围。裁决确定的补偿金额符合法律、法规的规定。(1)评估公司的选定符合法律规定。《城市房屋拆迁管理条例》第十二条规定:"被拆迁房屋需要作价补偿的,由按规定取得评估资格的单位在实施房屋拆迁前进行房屋评估,但不得由拆迁人、被拆迁人进行房屋评估。"国瑞评估公司系经湘湖公证处抽签确定的具有房地产估价机构一级资质的房地产估价机构,并与新塘街道办事处签订了《评估委托协议书》。国瑞评估公司对原告的房屋进行现场勘查及入室评估后,于2013年10月25日出具八达国瑞萧评〔2013〕新C字第001－0135号《房屋拆迁补偿价格估价分户报告》。(2)评估报告出具的依据合法,程序符合法律规定。八达国瑞萧评〔2013〕新C字第001－0135号《房屋拆迁补偿价格估价分户报告》出具的依据之一《估价规范》第6.7.1条规定:"征地和房屋拆迁补偿估价,分为征用农村集体所有的土地的补偿估价(简称征地估价)和拆迁城市国有土地上的房屋及其附属物的补偿估价(简称拆迁估价)。"第6.7.2条规定:"征地估价,应依据《中华人民共和国土地管理法》以及当地制定的实施办法和其他有关规定进行。"因此《杭州市萧山区人民政府办公室关于调整杭州市萧山区房屋重置价格的通知》(萧政办发〔2013〕149号)作为萧山区政府针对萧山区范围内拆迁补偿实际情况而做出的规定,应当可以作为萧山区的拆迁补偿评估价格确定的依据。评估机构依据萧政办发〔2013〕149号文件及《估价规范》的规定,以重置价格对被拆迁房屋进行了评估符合法律的规定。根据萧政办发〔2010〕30号文件的规定,原告户内成员不符合获得安置面积的条件,不再进行安置。根据《城市房屋拆迁管理条例》第二十条规定:"拆迁私有住宅用房,实行产权调换的,新建房屋按重置价格,原房按重置价格结合成新进行结算;安置面积超原面积的部分,在安置标准范围内的,按房屋成本价结算,高于安置标准的,按商品房价格结算;原面积超过安置面积部分按重置价格结合成新价的两倍结算。"根据萧政办发〔2010〕30 号文件第六条第三款第(五)项的规定:"世居房原则上实行货币安置。"因原告无法获得安置面积,故案涉房屋面积均属超过安置面积部分,应按评估价格的两倍即 557126 元结算。

法院认为,《物权法》第四十二条第三款规定:"征收单位、个人的房屋及其他不动产,应当依法给予拆迁补偿,维护被征收人的合法权益;征收个人住宅的,还应当保障被征收人的居住条件。"《杭州市征用集体所有土地房屋拆迁管理条例》第五条中规定:"被拆迁人是指对被拆迁房屋及其附属物的合法所有权人。"第十九条第一款中规定:"拆迁私有住宅用房,根据城市规划不能新建农居点的或被拆迁人全部是非农业人口的,由拆迁人以统一建造的多层成套住宅用房安置被拆迁人,实行产权调换。"拆迁私有住宅用房时,以住宅用房对被拆迁人进行安置,是《杭州市征用集体所有土地房屋拆迁管理条例》确定的原则,也符合《物权法》第四十二条中关于保障居住条件的规定。本案中,萧山国土局既未查清对陈惠民户仅作货币补偿而不给予住房安置是否足以保障该户的居住条件,亦未征询陈惠民户的意见,即作出"该户不作安置"的裁决,认定事实不清,证据不足。房屋拆迁争议调解会中,陈惠民户对评估价格提出异议,但萧山国土局未根据《杭州市征用集体所有土地房屋拆迁争议裁决办法》(杭政办〔2007〕45号)第十五条第二款之规定启动复核或重新评估的程序,径直根据被拆迁人有异议的评估报告作出裁决,认定事实不清,证据不足。萧土资裁字〔2014〕第 25 号《房屋拆迁争议裁决书》中,将陈惠民户中的人口认定为 4 人,遗漏了陈惠民的妻子仇离,属认定事实不清,证据不足。原审判决认定的基本事实清楚,但适用法

律存在错误。依照《中华人民共和国行政诉讼法》第七十条第
(一)项、第八十九条第一款第(二)项之规定,判决如下:(1)撤销
杭州市萧山区人民法院作出的〔2014〕杭萧行初字第 73 号《行政
判决书》;(2)撤销杭州市国土资源局萧山分局于 2014 年 9 月 10
日作出的萧土资裁字〔2014〕第 25 号《房屋拆迁争议裁决书》。

从这一案例中研究者发现,行政赔偿是行政相对人最为关注
的事情之一。在这一状况下,行政机关更需要在行政赔偿上逐一
审查,注重实质公平,以免造成公共事件。解决这一状况的办法
之一即是建立健全公平公正的赔偿机制,并在"三改一拆"过程中
做好赔偿的宣传工作。一个良好的例子是乐清市。乐清市在"三
改一拆"工作中快速出台《乐清市人民政府办公室关于"三改一
拆"土地征地补偿标准的通知》,并在官方网站上与"三改一拆"过
程中对行政相对人关心的政策问题进行宣传解读,起到了良好的
作用。

综上,加强对行政权的制约尤为迫切。从更本源的意义上来
讲,我国避免行政权滥用和寻租的途径是转变其职能,正如党的
十八届三中全会报告中指出的,"从广度和深度上推进市场化改
革,大幅度减少政府对资源的直接配置,推动资源配置依据市场
规则、市场价格、市场竞争实现效益最大化和效率最优化"。但这
是一个需要长期努力的过程。从具体操作层面来讲,加强对行政
行为的监督是一个更为现实和便捷的路径。行政行为是行政权
作用于普通公民权利的桥梁,把行政行为分为具体行政行为和抽
象行政行为是一种重要的分类方法。二者的分类主要是根据行
为对象是否特定以及能否反复适用。根据最高人民法院在《关于
贯彻执行〈中华人民共和国行政诉讼法〉若干问题的意见(试行)》
的有关规定,所谓具体行政行为是指国家行政机关和行政机关工
作人员、法律法规授权的组织、行政机关委托的组织或个人在行
政管理活动中行使职权,针对特定公民、法人或其他组织,就特定

的具体事项,作出的有关该公民、法人或其他组织权利义务的行为。① 具体行政行为由于关涉到公民、法人和其他组织的具体的权利义务,因此相对于行政规划、行政决策、行政规定等宏观的行政行为更易引起行政相对人的关注和维权行动。有学者将对具体行政行为监督总结为以下四个原则②:

第一,法定监督原则。法治国家的一个基本原则是权力必须依法行使,具体行政行为检察监督也应遵循"法无授权即禁止"这一原则。具体行政行为检察监督都必须依照法律的现有规定才可进行。我国《立法法》第八条也明确规定:"下列事项只能制定法律……(二)各级人民代表大会、人民政府、人民法院和人民检察院的产生、组织和职权……"因此,具体行政行为的检察监督必须遵循监督法定的原则。

第二,有限监督原则。具体行政行为的检察监督是宪法意义上两种平等权力之间的监督。这种监督固然有其必要和可行性,但也不能片面强调和夸大。行政权虽然是一种最容易被滥用的权力,但另一方面也是国家权力中能动性、效率性和创造性最强的一种权力。对其监督不能以扼杀其积极功能为代价,对具体行政行为的检察监督应保持一定的谦抑性,应是一种有限的监督。只有在法定和必要的前提下,具体行政行为检察监督的程序才能启动,以免对行政权造成不必要的干预。

第三,有效监督原则。我国已有的制度框架中已经为具体行政行为设计了多种的监督方式,虽然这些监督方式仍有不尽完善之处,但在特定的范围内,还是能体现其权威性的,比如行政诉讼制度、行政复议制度等。在具体行政行为的检察监督和其他监督方式可以同时选择的情形下,应该选择成本最低、监督最有效的

---

① 韩成军,刍议具体行政行为检察监督的正当性,社会科学战线,2014 年第 4 期。
② 韩成军,具体行政行为检察监督的制度架构,当代法学,2014 年第 5 期。

方式,而且应该遵循私力救济优先选择的原则,以体现专门性。①

第四,合法性监督原则。对行政行为的评价标准有两个,即合法性与合理性。合法性是依法行政的基本要求,即无法律则无行政。行政行为的合法性要求具体包括主体合法、内容合法、程序合法等内容。合理性的要求是随着行政机关自由裁量权的扩大而产生的,具体包括行政行为必须具有正当的动机、不考虑不相关的因素等内容。

①韩成军,行政权检察监督的若干思考,河南社会科学,2014 年第 8 期。

第八章

"三改一拆"工作中行政行为程序合法性要求

行政程序是指行政主体在具体的行政活动中必须遵循的基本原则的具体化,是行政主体权利的体现,同时也产生相对的义务。行政主体享有了特定的权利,却不履行相应的义务,则应当承担相应的法律责任。行政主体行为的法律责任不单影响具体行政行为的效力,同时涉及行政相对人的权利与义务,行政主体对自己的行政行为负责,才能使行政相对人在受到行政行为侵害时得到最大的救济。目前,虽然很多行政法规规定了程序规范,但对于行政机关违反行政程序的法律责任均没有作出详细规定。[①] 何谓行政程序违法,目前我国并没有作出明确的规定,学术界也没有统一定论。在法国,将行政程序违法称为形式上的缺陷,是指行政行为欠缺必要的形式或程序,或者不符合规定的形式和程序,这些形式或程序由法律、法规或者法的一般原则所规定,法律法规制定的法定程序,行政机关有遵守、执行的义务。[②] 笔者认为行政主体程序违法即指行政主体实施行政行为时违反法律法规规定的法定程序或者相关遵循的行政原则,即违法了行政行为的法定方式、时限、顺序和步骤,从而必须由行政主体承担相应的法律责任的行为。

在拆迁过程中,同样存在部分政府机关的程序违法行为。在本文中,笔者一共梳理了 7 种在拆迁与改造过程中的政府程序违法行为,为"三改一拆"工作提供借鉴,并希望以此推进"三改一

[①] 王心舸,行政程序违法的法律责任,山东审判,2010 年第 4 期。
[②] 陈亚婷,论行政程序违法的法律责任,山东大学,2016 年。

拆"工作的顺利进行。这 7 种情况分别为未在文书中引用具体法律条款，未给当事人申辩权利，书面通知错误，未给诉原告申辩权，未送达相关文书，未告知原告向法院起诉的期限，拆迁时间争议，未履行法定程序即强制拆迁。

一、未在文书中引用具体法律条款与未给当事人申辩权利

在我国面对行政处罚与行政强制时，当事人均有陈述申辩的权利。这两条在我国法律中有明确规定，如《行政强制法》第八条："公民、法人或者其他组织对行政机关实施行政强制，享有陈述权、申辩权；有权依法申请行政复议或者提起行政诉讼；因行政机关违法实施行政强制受到损害的，有权依法要求赔偿。公民、法人或者其他组织因人民法院在强制执行中有违法行为或者扩大强制执行范围受到损害的，有权依法要求赔偿。"再如《行政处罚法》第六条："公民、法人或者其他组织对行政机关所给予的行政处罚，享有陈述权、申辩权；对行政处罚不服的，有权依法申请行政复议或者提起行政诉讼。公民、法人或者其他组织因行政机关违法给予行政处罚受到损害的，有权依法提出赔偿要求。"

正当程序原则要求行政机关在对任何人作出行政决定之前，尤其是对其作出不利的行政决定之前，要听取其陈述和申辩。在行政强制执行决定作出前，赋予当事人陈述权和申辩权，既为当事人提供了一次在行政执行程序中的救济机会，也为行政机关提供了发现并更正行政决定中可能存在的错误和瑕疵的机会，有利于防止行政机关单方面作出对当事人不利的决定，以充分保护当事人的合法权益。其中陈述权与申辩权主要在《行政强制法》第三十六条中加以规定，对于《行政强制法》第三十六条，应当从 3 个方面理解：

第一，听取当事人的陈述和申辩是行政机关的义务，除非当

事人自愿、明确地表示放弃该项权利,行政机关不得以任何借口拒绝或者阻碍当事人行使陈述权和申辩权。

第二,行政机关必须客观、充分地听取当事人的意见,对当事人提出的事实、理由和证据,应当进行记录、复核。认为当事人提出的事实、理由或者证据成立的,行政机关应当采纳。

第三,行政机关应当根据采纳当事人意见的实际情况,对行政处理决定作出调整,但不得因当事人的陈述和申辩而加重对其不利的处理。但在"三改一拆"过程中,部分行政机关并不重视此类程序,最终导致了行政违法。

一个例子是绍兴市大地广告有限公司诉绍兴市越城区斗门镇人民政府案(〔2015〕绍越行初字第 15 号)。在本案中,原告绍兴市大地广告有限公司起诉称,原告是依法成立并具有广告经营资格的广告公司。2007 年其与第三人签订《广告合作开发协议》,由原告制作广告。2010 年第三人租赁了绍兴市越城区斗门镇三江村的场地,原告在第三人租赁的绍兴市袍江经济技术开发区三江村大江针纺旁空地上构筑高立柱炮台广告牌,一直合法经营广告业务。2014 年 9 月 16 日,被告向原告作出《责令限期拆除决定书》,责令原告于 2014 年 9 月 23 日前自行拆除上述广告,否则将实施强制拆除。后原告进行了申辩,但被告未经原告同意擅自拆除了该广告牌,给原告造成了损失。原告认为,被告既不具备作出限期拆除行为的法定职权,也没有事实和法律依据,且未遵循法定程序,其行为违法。请求法院判令被告拆除原告设置在绍兴市袍江经济技术开发区三江村大江针纺旁空地上(杭甬高速公路三江出口东侧 530 米离高速 30 米的杂地)高立柱炮台广告牌(系九牧王男装广告)的行政行为违法;判令被告赔偿原告因其违法拆除涉案广告牌造成原告的经济损失。被告绍兴市越城区斗门镇人民政府答辩称,其作为当地政府对管辖范围内未依法取得乡村建设规划许可证或者未按乡村建设规划许可证的规定进行建设的违法行为具有执法的权力。原告的广告系未经审批的违法建筑,依据法律、法规及上级文件精神,应依法予以拆除。被告发现原告的违法构筑物后,即告知第三人需要拆除,也委托当地村委代为转达。期间还通过电话、上门等形式告知原告需拆除,后该广告牌由第三人自行拆除,并由第三人领取了广告牌拆除工作经费3万元。故被告执法程序合法,涉案广告牌属于第三人自拆,被告无需对原告进行行政赔偿,请求法院驳回原告的诉讼请求。

法院通过审核,认为涉案广告牌属于违法构筑物事实清楚,但即使对违法构筑物实施强制拆除,也必须遵循正当程序原则。案件中所涉广告牌已涉及原告方重大权益,依照法律规定被告应给予原告陈述申辩的权利,当违法建筑当事人在法定期限内不申请行政复议或者提起行政诉讼,又不自行拆除或者申请拆除违法建筑的,方可组织强制拆除,并张贴公告。本案被告实施行政强制拆除时均未履行上述义务,原告要求确认被告拆除行为违法,理由充分,本院予以支持。鉴于原告提供的赔偿依据不充分,对其要求被告赔偿经济损失的诉讼请求,法院不予支持。依照《中华人民共和国行政诉讼法》第七十四条第二款第(一)项及《最高人民法院关于审理行政赔偿案件若干问题的规定》第三十三条之规定,判决如下:确认被告绍兴市越城区斗门人民政府强制拆除原告在绍兴市越城区斗门镇三江村高立柱炮台广告牌(九牧王男装广告)的行政行为违法。

法治新常态要求"三改一拆"工作是依法行政,守法行政。这一依法不仅要遵守实体法律法规,更要遵守程序法律法规。保障当事人在行政执法过程中的申辩权,是发展新常态下"三改一拆"工作胜利的重要要素。在这一方面,《浙江省违法建筑处置规定》做出了相关的规定与建议。其中提出建立违法建筑的事前防控机制,并注重拆后土地的利用,通过"即查即拆"和"协同处置机制"等制度,进一步强化政府执法手段,规范政府行政行为。同时,把保障相对人的陈述权、申辩权、知情权、监督权、救济权的立法理念贯穿于违法建筑处置的各个环节,创设了"助拆"和"缓拆"制度,充分体现以人为本的原则,较好地平衡了政府拆除违法建筑与保障行政相对人权益之间的关系,为顺利推进"三改一拆"行动提供了强有力的法律武器。因此,在"三改一拆"过程中,行政执法人员需学习与熟知相关规定,以避免程序失误。

二、书面通知错误

在我国,行政强制与行政处罚需要按照要式,陈述处罚与强制的依据、当事人信息与日期等内容。如《行政强制法》第三十七条规定,经催告,当事人逾期仍不履行行政决定,且无正当理由的,行政机关可以作出强制执行决定。强制执行决定应当以书面形式作出,并载明下列事项:(1)当事人的姓名或者名称、地址;(2)强制执行的理由和依据;(3)强制执行的方式和时间;(4)申请行政复议或者提起行政诉讼的途径和期限;(5)行政机关的名称、印章和日期。再如《行政处罚法》中第三十九条,规定行政机关依照本法第三十八条的规定给予行政处罚,应当制作行政处罚决定书。行政处罚决定书应当载明下列事项:(1)当事人的姓名或者名称、地址;(2)违反法律、法规或者规章的事实和证据;(3)行政处罚的种类和依据;(4)行政处罚的履行方式和期限;(5)不服行政处罚决定,申请行政复议或者提起行政诉讼的途径和期限;(6)作出行政处罚决定的行政机关名称和作出决定的日期。但是在"三改一拆"部分的具体行政过程中,行政机关在行政处罚、行政强制中或因为没有注明规章依据,或因为未指出申辩方法,导致了行政行为的无效。

在陈海平诉丽水经济技术开发区管理委员会案(〔2015〕浙丽

行初字第 9 号)中,就发生了这样的程序错误。原告陈海平诉称:
2015 年 6 月 6 日,原告收到丽水经济开发区"三改一拆"指挥中心
的《限期拆除通知书》,其主要内容为"原告建筑的养殖场违反了
《城乡规划法》等相关规定,责令原告于 6 月 8 日前自行腾空拆
除,否则将统一拆除"。原告对上述《限拆通知书》不服,且经查丽
水经济开发区"三改一拆"指挥中心并非独立的行政机关,而是被
告组建的机构,故原告依法提起诉讼,请求依法裁判。被告丽水
经济技术开发区管理委员会管理委员会辩称:(1)根据省政府的
文件精神和要求,答辩人设置的丽水经济技术开发区"三改一拆"
指挥中心对于辖区内属于"三改一拆"范围内的事务具有直接处
置权。(2)原告建造养猪场的违法性是在今年的 3 月份经过丽水
经济技术开发区综合行政执法局调查并报丽水市城市管理行政
执法局确认的,也已通知原告要及时进行拆除。指挥中心会同南
明山街道办事处就关于原告违章养猪场拆除一事与原告多次协
调,原告也答应会自行拆除。在给予原告充分时间后,原告仍用
故意拖延的办法想获取更多利益,因此答辩人才发出《限期拆除
通知书》,要求原告于 6 月 8 日前自行拆除。综上,丽水经济技术
开发区"三改一拆"指挥中心作出的该《限期拆除通知书》不管在
实体上还是在程序上都是符合法律规定的,请求驳回原告的诉讼
请求。

　　法院经过审理查明:被告丽水经济技术开发区管理委员会前
身为丽水市经济开发区管理委员会,丽水市经济开发区升级为国
家级经济技术开发区后,更名为丽水经济技术开发区。2013 年
开始,根据浙江省人民政府在全省开展"三改一拆"三年行动的部
署,被告对辖区内违反土地管理和城乡规划等法律法规的违法建
筑进行集中查处。2015 年 4 月,丽水市城市管理行政执法局对原
告在南明山街道旭光行政村白峰自然村违法建设养猪场的行为
进行了调查。2015 年 6 月 5 日,原丽水经济开发区"三改一拆"指

挥中心向原告发出《陈海平户养猪场的限期拆除通知书》,通知称:"经调查,你户位于南明山街道旭光行政村白峰自然村建筑面积约 2000 平方米的养猪场,属于未批先建的违法建筑。根据《中华人民共和国城乡规划法》、《浙江省城乡规划条例》和《浙江省违法建筑处置规定》等有关法律法规,限你户于 2015 年 6 月 8 日前腾空并自行拆除。逾期未自行拆除的,我办将组织统一拆除。"原告不服该限期拆除通知,向法院提起行政诉讼。

法院认为,丽水经济技术开发区"三改一拆"指挥中心是基于浙江省人民政府在 2013 年提出关于在全省展开"三改一拆"三年行动任务工作需要所设立的临时机构,其由被告组建并被赋予对辖区内"三改一拆"范围内的事务具有相应处置权,故其以自己名义对违反城乡规划等涉"三改一拆"的行为进行查处并发出《限期拆除通知书》,不宜认定为超越职权。被告虽认定原告存在未批先建的行为,但其发出的《限期拆除通知书》未引用具体法律条款用以告知原告违反城乡规划的具体内容和其实施拆除行为的执行依据,亦未按照法律规定给予原告陈述和申辩的权利,故该《限期拆除通知书》适用法律错误,程序违法,应予撤销。鉴于被诉《限期拆除通知书》发出后,拆除行为已经实施完毕,该《限期拆除通知书》不具有可撤销内容,本院依法予以确认违法。依照《中华人民共和国行政诉讼法》第七十四条第二款第(一)项之规定,判决确认被告丽水经济技术开发区管理委员会组建的"三改一拆"指挥中心于 2015 年 6 月 5 日向原告发出《陈海平户养猪场的限期拆除通知书》的行为违法。

浙江省政府"三改一拆"行动的初衷是加快城镇化建设,但利益驱动让一些地方的具体操作超出了政策制定者的预期。政府机关作出行政处罚或者行政强制,出于各种原因,未对行政相对人进行书面告知,或者书面告知内容不符合法律规定的要求,往往导致行政相对人不清楚自己具有的合法的权利,也就不能在法律规定的期限内维护自身的合法权益,对行政相对人的利益造成了实际上的损害。这就要求我们,在法治新常态下,立足于"三改一拆"行动,政府在行使职权的时候要符合法定程序,充分保障公民的合法权益,树立阳光政府、服务型政府的正面形象,合法合理地开展专项行动。

三、未送达相关文书

行政处罚、行政强制须告知当事人后方可执行。《行政处罚法》规定,行政处罚决定书应当在宣告后当场交付当事人;当事人不在场的,行政机关应当在七日内依照民事诉讼法的有关规定,将行政处罚决定书送达当事人。一般情况下,行政机关可以选择直接送达、留置送达、邮件送达、公告送达等。若未送达相关文件,行政强制、行政处罚行为是违反程序的。在现实的"三改一拆"中,部分部门急于完成"三改一拆"任务,往往未送达文书,或在文书送达之前便进行了拆除活动,导致了行政违法。

尚伟中诉缙云县人民政府新碧街道办事处案(〔2015〕丽莲行初字第 34 号)便是这一种情况。原告尚伟中诉称,2005 年原告响应国家号召,在缙云县新碧街道姓尚村小溪旁,租了 3 亩田和溪边的荒地建鸭棚搞养殖,共计陆续建 6 个鸭棚面积 3800 多平方米。蛋鸭年存栏量 5700 只以上,另有肉鸭年养殖 10000 只以上,成了县里的个体养殖大户,2013 年政府还补助鸭蛋每只 2 元钱,共 11400 元。2013 年 7 月份因旧村改造需要,与缙云县新建街道姓尚村委会签订了补偿协议,自行拆除了其中两个鸭棚计 1300 平方米,参照缙云县工业园区政策标准,总共补偿原告各项损失计人民币 100000 元。同年 10 月 25 日,原告因妨碍公务罪被判处有期徒刑 1 年。原告在监狱服刑期间,被告于 2014 年 3 月 15 日联合多部门对原告其余 4 个鸭棚约 2500 平方米给予强制拆除。被告在拆除之前未向原告及家属履行告知义务和其他行政法律程序事项,被告的强制拆除行为属于严重的违法行为。另外,被告将原告的鸭棚拆除后也没有对原告的损失进行补偿,给原告造成了极大精神损失和物质损失。原告一家属于失地农民,2009年所有的田地已被政府征收,一家8口人以养殖为全部的经济生活来源,如今,原告的养殖业不能继续生产经营,生活的经济来源无法得到保障。为此,请求判决:(1)确认被告强制拆除原告鸭棚行为违法;(2)被告一次性赔偿原告鸭棚经济损失。被告缙云县人民政府新碧街道办事处辩称,(1)被告拆除的原告在新建溪姓尚村段河道中的鸭棚系违法建筑。《中华人民共和国防洪法》第二十二条第二款、《中华人民共和国水法》第三十七条第二款均有明确规定,本案原告在河道滩地建的鸭棚违反了上述法律的禁止性规定。根据《浙江省"三改一拆"行动违法建筑处理实施意见》(浙政办发〔2013〕69号)第二条第一款的规定,原告的鸭棚也符合违法建筑的认定标准。2014年3月8日缙云县国土资源局园区分局、缙云县住房和城乡建设局工业园区村镇规划建设管理分局等单位联合作出的缙新责拆通字〔2014〕第3号《责令限期拆除通知书》也已认定原告在新碧街道姓尚村新建溪中搭建的棚系违法建筑。(2)被告拆除原告在新建溪姓尚村段河道中的鸭棚系被告履行法定职责。根据《中华人民共和国防洪法》第三十八条、《中华人民共和国河道管理条例》第七条,以及2014年3月12日缙政办发〔2014〕27号《缙云县清除河道违法建设和清理河道违占专项整治实施方案》的规定,被告拆除原告在新建溪河道中的鸭棚系履行防汛抗洪和河道清障的法定职责。(3)被告采取立即代履行方式拆除原告在新建溪姓尚村段河道中鸭棚的具体行政行为程序合法,适用法律正确。《中华人民共和国行政强制法》第五十二条、《浙江省"三改一拆"行动违法建筑处理实施意见》第四条第二款的规定,违法建筑执法机关可以依法立即代为拆除,暨立即代履行。2014 年 3 月 12 日,被告在向原告送达《责令限期拆除通知书》过程中得知原告还在监狱服刑,而当时离 4 月初开始的汛期时间很短,所以在 3 月 15 日被告依据《中华人民共和国行政强制法》第五十二条、《浙江省"三改一拆"行动违法建筑处理实施意见》第四条第二款的规定,对原告在河道中的鸭棚实施了立即代履行的拆除。(4)被告的行为系合法行为,没有侵犯原告的合法权益,其赔偿请求无事实和法律依据。根据《中华人民共和国国家赔偿法》第二条第一款的规定,原告在河道中建的鸭棚系违法建筑,不受法律保护,被告拆除原告在河道中的鸭棚是履行防汛抗洪、河道清障的法定职责,符合法律规定和上级规范性文件的要求。(5)原告诉称"被告在拆除前未向原告或家属履行告知义务和其他行政法律程序事项,被告强制拆除属于严重的违法行为"的说法没有法律依据。防汛抗洪、河道的安全行洪关系到广大人民群众的生命和财产安全。对妨碍河道行洪的违法行为,《中华人民共和国行政强制法》第五十二条、《浙江省"三改一拆"行动违法建筑处理实施意见》第四条第二款的规定都是鼓励行政机关快速代履行,以及时消除违法后果和不利影响,保护广大人民群众的生命和财产安全,没有要求一定要履行事先告知的义务。

法院认为,原告未经行政主管部门批准,在溪滩地上擅自搭建建筑物的行为违法,但被告予以强制拆除未遵循行政强制程序亦属违法。根据《中华人民共和国行政强制法》第三十五条、第三十六条、第三十七条、第三十八条的规定,被告在强制拆除前,应当事先催告原告履行义务,以及告知原告享有陈述和申辩权利,对原告提出的事实、理由和证据应当进行记录、复核。经催告逾期仍不履行义务,且无正当理由的,才能作出强制执行决定,并将催告书和强制执行决定书直接送达原告。本案被告未履行上述法定程序,作出的《限期拆除通知书》未送达原告及其亲属,其强制拆除行为明显违反法定程序。原告的鸭棚建成多年,被告辩称为防洪需要立即代履行的意见不予采信。由于被告的强制拆除行为不具有可撤销内容,根据《最高人民法院关于执行〈中华人民共和国行政诉讼法〉若干问题的解释》第五十七条第二款第(二)项的规定,应当判决确认被告强制拆除行为违法。根据《中华人民共和国国家赔偿法》第二条第一款"国家机关和国家机关工作人员行使职权,有本法规定的侵犯公民、法人和其他组织合法权益的情形,造成损害的,受害人有依照本法取得国家赔偿的权利"的规定,原告被拆除的鸭棚,系未经批准自行建设的违法建筑,不属法律保护的合法权益,其赔偿请求不予支持。依照《中华人民共和国行政诉讼法》第七十四条第二款第(一)项、《最高人民法院关于执行〈中华人民共和国行政诉讼法〉若干问题的解释》第五十七条第二款第(二)项、第五十六条第(四)项之规定,判决确认被告缙云县人民政府新碧街道办事处 2014 年 3 月 15 日强制拆除原告尚伟中鸭棚的行为违法。

现代法治国家特别强调对于重要的行政行为程序加以规范化,即对直接影响行政相对方重大权益的行政行为实行严密的程序控制,以法定的形式设置若干程序规则和制度来控制监督行政权力的运行,规范行政行为的实施过程,力图反映现代行政的民主、法治精神,体现公正、公开和公平的原则。正因为如此,行政程序的公开性与要式性成为行政程序合法的重要体现。为使得当事人知晓行政结果,避免行政暗箱,送达告知文书是程序合法性要求的行为。而在"三改一拆"过程中,部分行政人员与行政机关忽视行政程序,在未送达文书的情况下对当事人违法建筑进行拆除,违反了"三改一拆"的要求,并影响了政府机关的形象。这一行为应当予以制止与警告。

四、未告知原告向法院起诉的期限

行政诉讼的起诉期限,是指公民、法人或者其他组织不服行政机关作出的具体行政行为,而向人民法院提起行政诉讼,其起诉可由人民法院立案受理的法定期限。行政诉讼起诉期限是法律设定的起诉条件之一,解决的是行政起诉能否进入司法实体审查的问题。为便于部分行政相对人行使自身权利,行政机关在作出行政行为之时有义务告知行政相对人行政行为的内容及相对人享有的诉权和起诉期限。若未告知行政诉讼人享有的诉权与期限,行政相对人同样具有诉权来捍卫自身的权益,也可起诉行政机关未告知诉权的行为违法。《最高人民法院关于执行〈中华人民共和国行政诉讼法〉若干问题的解释》第四十一条规定:"第四十一条规定行政机关作出具体行政行为时,未告知公民、法人或者其他组织诉权或者起诉期限的,起诉期限从公民、法人或者其他组织知道或者应当知道诉权或者起诉期限之日起计算,但从知道或者应当知道具体行政行为内容之日起最长不得超过 2 年。"但在"三改一拆"过程中,部分行政机关遗忘了告知行政相对人行使诉权的期限,最终遭到起诉而败诉。

一个典型的案例是郑邦介诉三门县水利局、三门县珠岙镇人民政府案(〔2015〕台三行初字第 14 号)。原告郑邦介诉称:原告与三门县珠岙镇下洋村村民委员会签订协议,协议约定:2002 年至 2017 年,由原告看管村外溪堤坝,原告必须建一间小屋,所建小屋及栽种树木等收入归原告所有。原告按照协议建造了一间小屋,后又承包了 10 多亩农田,在自留地、承包田上建造了 13 间鸡棚、鸭棚,并经村镇批准开办了家禽专业合作社,领取了执照、税务证,饲养了 2500 只鸭子,1000 只鸡。2012 年 10 月 25 日,被告三门县水利局以原告在河道养鸭为由,对原告作出责令改正违法行为通知书,要求原告在 2012 年 11 月 5 日前自行拆除所建房屋。2013 年 8 月 18 日,被告三门县水利局和三门县珠岙镇人民政府在既没有作出行政处罚决定书,也没有申请法院强制执行的情况下,未事先通知便将原告的 13 间鸡棚、鸭棚及房屋强制拆除。在两被告强拆过程中,造成原告家禽、屋内家具、日常用品、车辆等损失 100 余万元。两被告行政行为错误,程序违法。因此,原告提起诉讼,要求确认两被告于 2013 年 8 月 18 日强行拆除原告房屋、鸡棚、鸭棚的行政行为违法。被告三门县水利局辩称:(1)原告的起诉超过起诉期限。《中华人民共和国行政诉讼法》第四十六条规定:"公民、法人或者其他组织直接向人民法院提起诉讼的,应当自知道或者应当知道作出行政行为之日起六个月内提出。法律另有规定的除外。"原告于 2015 年 5 月份提起诉讼,超过起诉期限。(2)本案不符合起诉条件。原告于 2015 年 1 月 4 日向三门县人民政府申请行政复议,其不服复议结果,向台州市中级人民法院提起行政诉讼,目前还在诉讼阶段。《中华人民共和国行政诉讼法》第四十四条规定:"对属于人民法院受案范围的行政案件,公民、法人或者其他组织可以先向行政机关申请复议,对复议不服的,再向人民法院提起诉讼;也可以直接向人民法院提起诉讼。"因原告已就本案提出了行政复议,故不能同时向法院提起诉讼。(3)原告未经审批在堤坝上建房的行为违反了《浙江省河道管理条例》等规定,为此,三门县"三改一拆"办公室组织人员对原告的违法建筑实施拆除,被告工作人员参与"三改一拆"工作组对原告小屋的拆违行动,并无不当。综上,请求法院依法驳回原告的起诉。

法院认为,《中华人民共和国行政强制法》第十三条规定:"行政强制执行由法律设定。法律没有规定行政机关强制执行的,作出行政决定的行政机关应当申请人民法院强制执行。"第四十四条规定:"对违法的建筑物、构筑物、设施等需要强制拆除的,应当由行政机关予以公告,限期当事人自行拆除。当事人在法定期内不申请行政复议或者提起行政诉讼,又不拆除的,行政机关可以依法强制拆除。"被告三门县珠岙镇人民政府于 2013 年 8 月 18 日对原告房屋及鸡棚、鸭棚强制拆除的事实,三门县水利局作出的三水信复〔2013〕12 号信访事项处理意见书、三门县人民政府作出的三府复决字〔2015〕2 号行政复议决定书均予证实,被告珠岙镇人民政府辩称没有参与拆除的理由不足,法院不予采纳。对被告珠岙镇人民政府提出原告的鸡棚、鸭棚等被拆除时间应为 2013 年 8 月 16 日的意见,法院认为,其没有提供相应证据予以证明,且其提出的意见并不影响本院对本案基本事实的认定。两被告对原告的房屋及鸡棚、鸭棚进行强制拆除时,在案证据不能证明当时已作出相应的行政决定,并履行了相应的法定程序,故该强制拆除行为违法。本案两被告实施拆除行为时,未告知原告诉权或起诉期限,原告的起诉期限应为 2 年,被告三门县水利局提出的本案原告超过起诉期限的意见,法院不予采纳。原告对不予受理的复议结果不服而向人民法院起诉,人民法院审查的是不予受理决定的合法性,此时复议程序已经结束,原告的起诉符合法定条件。依照《中华人民共和国行政诉讼法》第七十四条第二款第(一)项的规定,判决如下:被告三门县水利局、三门县珠岙镇人民政府于 2013 年 8 月 18 日对原告郑邦介的房屋、鸡棚、鸭棚进行强制拆除行为违法。

　　依据行政行为的法理,具体行政行为是由行政机关作出的对行政相对人实施管理的行为,依据法律规定行政机关必须采取措施让相对人知道具体行政行为的内容,然后才能对相对人的权利义务产生影响,行政机关所实施的具体行政行为才是一个受法律认可的法律行为。如果行政机关没有采取任何措施让相对人知道其具体行政行为的内容与维权的方式,那么行政机关所作的行为就不是一个受到法律认可的法律行为,这一行为也不能对他人的权利义务造成任何影响,也就是说这时的行政机关的具体行政行为根本就没有成立,也不能对他人产生任何受法律认可的影响。若未告知行政行为的诉讼期限,行政行为的合法性便无法成立。在浙江省"三改一拆"的进程中,的确存在部分行政机关忽视了对行政相对人的诉权保障,使得行政相对人的诉权被侵害,最终导致败诉。这一违法行为应当在"三改一拆"中被重视并长期纠正。

五、拆迁时间争议

行政机关在强制执行前,是需要下达催告书、强制执行通知书的,如果行政相对人仍然不履行行政决定的,行政机关可以强制执行。根据《行政强制法》第三十五条至第三十八条的规定,行政机关强制执行决定在作出时,应当具备 3 个条件:第一,行政机关已经履行了催告程序;第二,催告期限届满,当事人逾期仍不履行行政决定所确定的义务;第三,当事人逾期不履行行政义务且没有正当理由。

强制执行决定应当以书面形式作出,并载明 5 项内容:(1)当事人的姓名或者名称、地址;(2)强制执行的理由和依据;(3)强制执行的方式和时间;(4)申请行政复议或者提起行政诉讼的途径和期限;(5)行政机关的名称、印章和日期。在催告期间,对有证据证明有转移或者隐匿财物迹象的,行政机关可以作出立即强制执行决定,而无须等待催告书中载明的履行义务的期限期满。这样规定是为了防止当事人将可供执行的财产转移或隐匿导致行政机关无法强制执行,从而给国家利益、社会公共利益和他人合法权益造成更大的损害。但在部分"三改一拆"行政行为中,部分行政主体忽视了行政强制决定中的书面程序,未告知原告拆除时间与其他相关权利,最终导致了行政行为的违法。

一个典型的案例是吴高冲、黄仲华诉诸暨市东白湖镇人民政府案(〔2015〕绍柯行初字第157号)。原告吴高冲、黄仲华诉称:原告居住在东白湖镇琴弦村,自2000年开始原告一家响应政府号召发展养殖业,至今已具一定规模。2014年6月17日,在原告未得任何书面通知,也无人告知原告相应权利的情况下,被告东白湖镇政府将原告的养殖场强制拆除,致使原告财产受到重大损失。原告认为被告作为政府机关应当依法办事,履行相应程序,告知相应权利。被告强制拆除原告养殖场的行为违反了国家法律的规定。为此,特向法院提起行政诉讼,请求确认被告强制拆除原告养殖场的行为违法并赔偿原告损失150万元,庭审中原告撤回其要求被告赔偿损失150万元的诉讼请求。被告东白湖镇政府辩称:首先,原告诉称与事实不符,被告为响应省、市二级政府关于"五水共治"、清理"三河"的总体部署,对"低小散乱"的养殖场关停,以及按照"三改一拆"控违专项整治工作的精神,对全镇违法建筑进行统一排查拆除。2014年原告吴高冲向被告提交了东白湖镇养殖场关停补贴申请表,并承诺于2014年6月30日前销售处理所有存栏家畜并拆除无证栏舍,被告于2014年11月20日对原告发放了关停补贴37750元及先拆奖励1000元。并非如原告所称在其未得到任何书面通知以及未被告知相应的权利的情况下进行强制拆除,而是在得到原告的承诺后对违章建筑予以拆除,且拆除后被告也根据政策给予原告相应的补贴以及奖励。原告的养殖场本身是违法建筑物,严重影响了村容村貌,也影响了"五水共治"的进程,根据《浙江省村镇规划建设管理条例》第四十一条之规定:在村庄、集镇未按规定办理规划审批手续或者违反规划进行建设,严重影响村镇规划的,由县级村镇建设行政管理部门责令其停止建设、限期拆除,或者没收其违法建设的建筑物、构筑物及其他设施;影响村镇规划,但尚可采取改正措施的,由县级村镇建设行政管理部门责令其限期改正,并可处以每平方米建筑面积十元以上五十元以下罚款,未按规定办理规划审批手续的,补办规划建设审批手续。《中华人民共和国城乡规划法》第六十五条规定:在乡、村庄规划区内未依法取得乡村建设规划许可证或者未按照乡村建设规划许可证的规定进行建设的,由乡、镇人民政府责令停止建设、限期改正;逾期不改正的,可以拆除。原告所建养殖场系在生活饮用水源保护区内,违反了《中华人民共和国畜牧法》第四十条对于建设养殖场选址的规定,即不得在生活饮用水源保护区内建设养殖场。因此被告在得到原告的承诺后进行拆除,并已给予相应的补贴及奖励,应当依法予以关停、拆除。综上,请求法院依法驳回原告的诉讼请求。

法院认为,本案的争议焦点有两个,(1)被告拆除养殖场是主动拆除还是协助拆除行为?(2)拆除行为是否合法?关于第一个争议焦点。《中华人民共和国行政诉讼法》第三十四条规定:被告对作出的行政行为负有举证责任,应当提供作出该行政行为的证据和所依据的规范性文件。被告陈述其系协助原告拆除养殖场而非强制拆除,应对此负举证责任,其提供的原告作出的书面承诺并不能证明原告要求被告协助拆除涉案养殖场的事实,也不能作为其强制拆除的依据,故涉案养殖场拆除行为应认定为镇政府行政强制行为。对被告的辩解,本院不予采信。其次,根据《中华人民共和国行政强制法》第三十四条的规定,行政机关依法作出行政决定后,当事人在行政机关决定的期限内不履行义务的,具有行政强制执行权的行政机关依照本章规定强制执行。第三十五条规定,行政机关作出强制执行决定前,应当事先催告当事人履行义务。第三十六条规定,当事人收到催告书后有权进行陈述和申辩。行政机关应当充分听取当事人的意见。第三十七条规定,经催告,当事人逾期仍不履行行政决定,且无正当理由的,行政机关可以作出强制执行决定。第四十四条规定,对违法的建筑物、构筑物、设施等需要强制拆除的,应当由行政机关予以公告,限期当事人自行拆除。当事人在法定期限内不申请行政复议或者提起行政诉讼的,又不拆除的,行政机关可以依法强制拆除。即具有强制执行权的行政机关拆除违法建筑物,应当先行作出行政决定,当事人在法定期限内不履行义务的,须经催告等前置程序后作出强制执行决定,并公告等,方能依法强制拆除。故被告强制拆除涉案养猪场,因未遵循行政强制执行法定程序而违法。对于拆除时间,原被告陈述不一致,被告东白湖镇政府作为具体的组织实施者,对此应负举证责任,其举证不能,故对原告陈述涉案养猪场于 2014 年 6 月 17 日被拆除,法院予以确认。综上,涉案强拆行为违法但不具有可撤销内容,依照《中华人民共和国行政诉讼法》第七十四第第二款第(一)项之规定,法院判决:确认被告诸暨市东白湖镇人民政府于 2014 年 6 月 17 日拆除原告吴高冲、黄仲华位于东白湖镇琴察村黄花梨园旁的养猪场的行政行为违法。

六、未履行法定程序即强制拆迁

"违反法定程序"是指行政主体实施具体行政行为时,违反法律法规方式、形式、手续、步骤、时限等行政程序。法律法规对有关行政程序问题未作明确的规定,有权制定规章的行政机关依据法律、法规制定的有关行政程序的规定,只要与法律、法规的规定不相抵触的,亦应视为"法定程序"。法定程序是行政主体正确、及时作出具体行政行为的必要保证,是防止行政主体滥用职权的有效措施。如果违法法定程序,很可能作出不合法的具体行政行为,侵犯公民、法人或者其他组织的合法权益。因此,违反法定程序的被诉具体行政行为应予判决撤销。

依照《中华人民共和国城乡规划法》的规定,"三改一拆"的行政主体对违法建筑具有依法责令停止建设、限期改正、拆除等职责,但应当履行法定程序。在"三改一拆"中,除去以上明显的行政程序违法行为,部分机关仅仅为执行政策,同样产生了大量违反法定程序的其他问题。在这些例子中,被告往往无视行政行为的合法要件,违背了多条行政法律法规,造成了多种性质的违法。一个典型的例子是吴祖孝诉义乌市义亭镇人民政府、义乌市国土资源局案(〔2015〕金义行初字第 79 号)。在本案中,原告吴祖孝诉称:2002 年 4 月 30 日,原告通过招投标承租了义乌市义亭镇吴村村集体所有的 36 间房屋和相应土地,双方签订了合同。租期30 年,租金 31770 元,一次性付清,同时对其他一些事情作了约定。2013 年 5 月 7 日,两被告将原告承租的房屋作为违章建筑强行拆除。原告承租后,按与村委会签订之合同的约定,从 2002 年5 月开始先后投入近 100 万元的资金,进行道路建设,修理、修缮房屋。为维护原告的合法权益,请求:(1)判决确认两被告强行拆除行为违法;(2)判令两被告赔偿原告损失 100 万元(具体以鉴定结论为准);(3)判令第三人返还原告租金 20121 元。原告向本院提供了以下证据:(1)租赁合同一份。证明原告是在 2002 年 4 月通过公开招标向村委会承租了原虎山养猪场,对租金、租期、双方权利义务作了约定。(2)拆除违法建筑通知书复印件一份。证明原告承租的房屋系被两被告当作违法建筑强拆,被告未经调查,行政相对人没有搞清楚,程序严重违法。

被告义乌市义亭镇人民政府辩称:吴祖孝租赁义乌市义亭镇吴村的虎山养猪场,2002 年四海大道工程建设时已征用 44.3%,吴祖孝获得了房屋、围墙、水泥地的补偿费 37324 元。2004 年 3月 10 日,吴祖孝与吴村村民委员会签订《虎山养猪场租赁附议》。吴祖孝在租赁期间,既未经村委会同意,也未经审批违法进行拆旧建新与扩建房屋,出租用于加工作坊。2013 年 5 月,被列为义乌市第三批"十大违建典型"。被告根据"三改一拆"行动部署对其进行强制拆除。义亭镇吴村是乡村规划区范围的村庄,根据

《中华人民共和国城乡规划法》的规定,被告对违法建筑可以拆除。根据《中华人民共和国国家赔偿法》的规定,吴祖孝因违法建筑行为造成的损失,不属于合法权益,其赔偿请求缺乏事实与法律依据。原告增加诉讼请求是不符合法律规定的,因为是针对第三人提出的诉讼请求,第三人的地位在本案中是无独立请求权的第三人,第三人参加本案的诉讼是基于原告诉两被告,第三人是否从有利害关系的角度追究为第三人的,原告直接针对第三人提出诉讼请求,程序是违法的,不应该在本案中解决。综上,被告拆除违法建筑事实清楚,证据确凿,适用法律正确,符合法定程序。请求人民法院驳回吴祖孝的诉讼请求。

法院认为,两被告发出的限期拆除违法建筑通知书,虽然将接受对象的名字搞错,但其实质是针对原告承租的虎山养猪场内的建筑物。庭审中被告义乌市义亭镇人民政府承认是其组织人员于 2013 年 5 月 7 日将原告承租的虎山养猪场内的建筑物拆除,被告义乌市国土资源局未参与拆除行为;被告义乌市国土资源局也否认参与上述拆除行为,原告未提供被告义乌市国土资源局参与上述拆除行为的证据,故原告要求确认被告义乌市国土资源局强拆行为违法证据不足,法院不予支持。被告义乌市义亭镇人民政府在查处违法建筑过程中,应严格依照法定程序进行。就本案而言,被告义乌市义亭镇人民政府在拆除涉案建筑物前,既未作出书面处理决定,也未书面告知原告,拆除前也未进行公告,违反行政处罚和行政强制的相关法定程序,依法应当确认被告义乌市义亭镇人民政府拆除原告承租的虎山养猪场内建筑物的行为违法。

另一个例子是浙江风扬广告有限公司诉仙居县白塔镇人民政府案(〔2015〕台仙行初字第 43 号)。原告浙江风扬广告有限公司诉称,原告是依法注册成立具有广告经营资格的广告公司,与仙居县白塔镇后垟村、厚仁村村民委员会签订广告位租赁协议,在各村的适当位置设置户外立柱高炮,一直合法经营广告业务。2014 年 12 月 2 日,被告仙居县白塔镇人民政府在未告知原告且无任何相关程序的情况下,直接将原告设置在白塔镇后垟村、厚仁中街村的两块立柱高炮广告强行拆除,其行为明显违法且侵犯了原告的合法权益。被告不具有作出拆除行为的法定职权,没有作出拆除行为的事实依据或法律依据,也没有遵循法定程序或正当程序。要求判决确认被告拆除原告设置在后垟村、厚仁中街村土地上的户外广告设施的行政行为违法。被告仙居县白塔镇人民政府辩称,被告根据省、市、县"四边三化"行动、"三改一拆"行动的统一部署和授权,于 2013 年 11 月 29 日向白塔镇金店村村民委员会、白塔镇厚仁中街村村民委员会及原告送达《责令(立即)改正违法(章)行为通知书》,责令白塔镇金店村村民委员会、白塔镇厚仁中街村村民委员会于 2013 年 12 月 9 日前自行拆除,逾期将依法拆除。2014 年 12 月 3 日,被告对位于白塔镇金店村、白塔镇厚仁村两处广告牌予以强制拆除。拆除后,原告通过与相关村委会协调,领取了拆除后的广告牌残留部分。涉案广告牌的建设未经政府部门合法有效的审批,违反了《土地管理法》《城乡规划法》《广告法》《公路法》《浙江省村镇规划建设管理条例》《城市市容和环境卫生管理条例》等法律法规之规定。原告的诉讼请求没有事实和法律依据,要求驳回原告的诉讼请求。

法院认为,被告仙居县白塔镇人民政府在拆除原告广告牌时未告知原告诉权和起诉期限,原告的起诉期限应当自知道或者应当知道诉权或起诉期限之日起开始计算,但从知道或者应当知道具体行政行为内容之日起最长不得超过两年。被告于 2014 年 12 月 2 日拆除了原告的广告牌,原告于 2015 年 8 月 13 日向法院提起行政诉讼,虽然超过了六个月,但仍未超过法律规定的最长时间两年。《中华人民共和国土地管理法》规定:"任何单位和个人进行建设,需要使用土地的,必须依法申请使用国有土地;但是,兴办乡镇企业和村民建设住宅经依法批准使用本集体经济组织农民集体所有的土地的,或者乡(镇)村公共设施和公益事业建设经依法批准使用农民集体所有的土地的除外。建设占用土地,涉及农用地转为建设用地的,应当办理农用地转用审批手续。"只要使用集体土地进行建设,都需要审批。《中华人民共和国土地管理法》规定,建设用地是指建造建筑物、构筑物的土地,不但适用于建筑物,也适用于构建物,原告浙江风扬广告有限公司的广告设施就是构建物。原告未经土地管理部门、城乡规划部门等部门审批,在基本农田上设立高炮广告设施,其广告设施系违法建筑。仙居县工商行政管理局对原告设立的两块广告牌的广告发布期限截止 2014 年 6 月 3 日,2014 年 6 月 4 日以后,原告未取得户外广告登记证。仙居县城市管理局监察大队与原告在协议中明确约定收取占道费不作为广告位的审批手续,而且协议中约定的广告发布最后期限分别是 2014 年 8 月 10 日、2014 年 11 月 15 日。2014 年 11 月 16 日后,原告在被拆除的两块广告设施上发布的广告既未得到工商管理部门审批,也未向仙居县城市管理局监察大队缴纳占道费,属于违法行为。原告既未经相关部门审批在基本农田设立广告设施,又未经相关部门审批在这两块广告设施上发布广告,相关职能部门可以依法予以拆除。被告仙居县白塔镇人民政府认为需要拆除的,根据《中华人民共和国行政强制法》第三十五条、第三十六条、第三十七条、第三十八条规定,被告仙居县白塔镇人民政府在强制拆除前也应当事先催告原告浙江风扬广告有限公司履行义务,以及告知原告享有陈述和申辩权利,经催告逾期仍不履行义务,且又无正当理由,才能作出强制拆除的执行决定,并将催告书和强制拆除的执行决定书送达原告。被告仙居县白塔镇人民政府未提交证据证明其履行了法律规定的上述义务,而是直接强行拆除了原告的广告牌,显然违反法定程序。现广告牌已经拆除,被告的拆除行政行为虽然违法但没有可撤销内容,应当确认违法。原告要求确认被告拆除原告广告牌的行政行为违法的诉讼请求,依法应予支持。因此,法院确认被告仙居县白塔镇人民政府于 2014 年 12 月 2 日作出的拆除原告浙江风扬广告有限公司设立在仙居县白塔镇后垟村、白塔镇厚仁中街村两块高炮广告牌的行政行为违法。

综上所述,根据浙江省"三改一拆"行动精神以及浙江省政府在《浙江省人民政府关于在全省开展"三改一拆"三年行动的通知》中所提出的要求,坚持依法行政是"三改一拆"行动所要遵循的核心。省领导小组办公室要制定违法建筑认定和分类处理办法的指导意见与政策措施,有效规范"三改一拆"行动各项工作。省级有关部门要依据国家法律法规,抓紧做好浙江省"三改一拆"相关立法工作,并制定具体的配套实施办法。各市、县(市、区)政府要通过依法行政确保社会稳定,要规范处理违法建筑的行政裁量权,细化违法建筑的认定标准和分类处理的具体办法,明确违法建筑拆除的主体、程序、保障措施。这意味着,在"三改一拆"工作中,行政机关的工作底线并非行政通知,而是落实国家法律与省内立法。部分行政机关为追求行政指标,而忽视国家程序法律法规与省内规定,进行违法拆迁。这一行为不仅损害了当事人的权利,更影响了"三改一拆"工作的有效合法开展。因此,在今后的工作中,要将依法行政放在更为重要的位置上,杜绝此类为追求指标而严重违法的拆除行为。

七、"三改一拆"行动中的形式要求

"法者,天下之仪也。"治国理政,关键是要立规矩、讲规矩、守规矩。法治,就是最大的规矩。在习近平总书记所作的十九大报告中,法治成为高频词。这些关于法治的重要论断,构成了新时代的法治新常态。从目标层面看,这个法治新常态明确了全面推进依法治国总目标是建设中国特色社会主义法治体系、建设社会主义法治国家。同时,这个全面推进依法治国总目标也是新时代中国特色社会主义思想的重要组成部分,足见其在思想理论层面的重要性。从政治地位层面看,这个法治新常态明确了"坚持全面依法治国"是新时代坚持和发展中国特色社会主义的 14 条基本方略之一。这意味着全党全国必须全面贯彻"坚持全面依法治国"这一基本方略,足见其政治地位。从具体执行而言,法治新常态要求完备的法律规范体系、高效的法治实施体系、有力的法治保障体系、严格的法治监督体系、完善的党内法规体系五位一体;国家法治、地方法治、社会法治协调发展。"三改一拆"作为浙江省政府重要的民生工程,更要讲究在全面法治下地方法治与国家法治的协调;高效实施与监督合法行政行为,合理保障公民利益。长期以来,地方政府往往在行政行为之中重实体、轻程序。在法治新常态下,这一问题应当得到解决。

坚持全面依法实行行政程序,使行政权体现全面法治的价值,是"三改一拆"全面法治化的重要体现。行政权的行使被纳入法律制度之中并不是行政程序法健全以后的事情。实质上,当一国行政权在国家权力体系中确定以后,其就与法律制度有着千丝万缕的联系。一则,当一国行政权被设立以后,其必须交与一定的政治实体而为之,通过法律典章或者宪法将行政权交与某一政治实体的过程,某种意义上讲,就体现了将行政权纳入法制化的过程。不过这个层面的法律制度化只是行政权的内部法制化。因为,此时对行政权的法律规制主要反映在内部法律规范之中。二则,一国行政权一旦形成,其就必须对社会生活发生作用。要为它自己所着想的事态规定方略和行为规则,行政权的这一过程虽有立法功能的瓶颈,但其仍然与法律制度的状态有关,例如行政系统制定诸多某一方面的行政管理的规范或规章。这些行为规则在规范行政相对人的同时也规制了行政主体的行为。三则,行政系统是按照一定的组织机制构成的,规制行政系统组织机制的一系列行政组织法、公务员法都是使行政权法制化的规则,而这些规则出现在我国的行政法制系统中是非常早的。[①] 行政程序就是为行政系统设立与行政相对人相同的行为准则的规则。真正意义上的行政程序法制包括了社会公众对行政过程的参与权与对行政行为的了解权。其中行政程序中的听证制度和行政公开化制度具有代表性,通过该制度可以使行政主体与行政相对人实现在行政权运作中的公平地位。以此论之,具体行政行为程序合法所体现的不是传统行政法中的单向规制,它将规制的单向性改变为规制的双向性,将传统行政法制中的相对专制性改变为行政权与行政相对人参与相结合的公平性,进而体现了对行政权的全面法治。

从以上案例中研究者可以发现,在"三改一拆"中,经常发生的问题是内部的行政决定与外部的行政行为之间的衔接出现了偏差。能够决定行政主体行为的内部行政程序的过快决定,导致了行政主体在外部行政程序尚未完备时开始实施实体行为,最终导致了违法。因此,重视"三改一拆"行政行为中内部行政程序与外部行政程序的衔接,能为"三改一拆"的程序合法提供帮助。内部行政程序与外部行政程序是行政法律程序的两个基本范畴。前者是指发生在行政系统内部的程序规则,如上级对下级进行命令指示的规则,下级对上级进行请示汇报的规则等。外部行政程序则是指在行政主体作出对行政机关以外的组织、个人的行政行为时所发生的程序规则。[②] 若从表层观察,行政主体实施具体行政行为时似乎只有外部程序规则,似乎只有外部程序能够对具体行政行为发生作用。然而,浙江省"三改一拆"实践的状况告诉我

---

① 关保英,论具体行政行为程序合法的内涵与价值,政治与法律,2015 年第 6 期。
② 金国坤,行政程序法论,中国检察出版社,2002 年。

们,具体行政行为受内部程序制约的状况已经成为行政法治中的一大问题。一则,一些具体行政行为在作出时首先在内部行政程序的作用下运作,以行政处罚这一似乎是非常明显地受外部行政程序制约的具体行政行为而论,行政机关在作出时先在行政系统内部运行,并经过若干运行环节之后才会形成,如有些行政处罚决定是在行政首长的决定下形成的,有些是在主要办案人员的决定下形成的,有些则是在主要行政人员的合议下形成的。具体行政行为在内部的行政过程实质上是内部行政程序对其发生作用的过程。二则,一些具体行政行为是在另一个机关的批准下形成的,即作出这一具体行政行为的机关只能提供该具体行政行为的样本,只能形成这一具体行政行为的格局,而决定这一行政行为命运的是另一个行政机关。在这个作出具体行政行为样本与作出具体行政行为决定的职权交换中,内部行政程序便起重要作用。三则,一些具体行政行为常常由行政首长依首长负责制的原则授意作出,或直接决定作出,但这个具体行政行为的具体形成和实施则由行政机关中的其他人员具体负责,这个过程同样存在内部行政程序问题。我国行政法治中对具体行政行为程序合法的内涵大多陷于外部行政程序之中,而没有将具体行政行为作出时或实施过程中的内部程序合法包括进来。这便导致我国行政法治实践中因内部行政程序违法而使行政行为存在瑕疵的情形大量出现。对此司法审查机关亦没有太有效的处理方法。必须将两种程序予以有机结合。否则,如此理解的具体行政行为程序合法的内涵就是片面的,而这种片面性最终会制约"三改一拆"中行政法治的进程,并最终影响"三改一拆"的合理性与实际效果。

研究者还发现,大部分"三改一拆"行政主体败诉的案件中,绝大部分的行政行为均经过行政复议等行政维权程序,但仍未通过。因此,若在行政相对人权利保障程序中解决"三改一拆"的侵权问题,可以在很大程度上避免"三改一拆"案件的败诉。这就要求公权力机关在保障"三改一拆"行政行为实行的同时,保障行政维权措施。在实践中,具体行政行为程序合法所涉及的法律主体涉及诸多方面:行政主体作为行政行为的决策者和实施者是具体行政行为程序合法的当然主体,没有它具体行政行为便无法成立,从而也谈不上程序合法问题;行政相对人受行政行为内容的制约,亦是行政行为程序合法的当然主体;第三人虽不是具体行政行为程序合法的当然主体,但亦不失为主体之一,因为其在通常情况下与具体行政行为中的权利与义务存在利害关系;其他社会主体亦有可能成为具体行政行为程序合法的主体,如法制监管机关可以介入具体行政行为。由于我国行政法制度中的司法化程度相对较低,在绝大多数具体行政行为作出时,参与方只有行政主体与行政相对人或者第三人。对于行政主体而言,他是具体行政行为运作的决定者和实施者,而对于行政相对人而言,他们往往是行政行为的介入者。作为介入者,其虽然不能决定具体行政行为的走向,但拥有诸多广泛的程序权利。在法律上,程序权利与实体权利是对应言之的,如对于一个具体行政行为而言,行政相对人所享有的实体权利是行政行为中设定的权利与义务,所享有程序权利则是能够介入该行政行为的程序,以及对该行政行为内容影响的程度。① 我国程序权利的概念和范围极其不清晰,而地方政府同样无权为此行方便,这同样导致了"三改一拆"中行政相对人的利益难以得到多元的保障。实质上,基于罗尔斯主张程序的正义性,现代法治发达国家对社会公众的程序权利的保护非常重视,社会公众的程序权利重视程度亦越来越高。② 我国法律近年来设置了一系列仅仅归于行政相对人的程序权利,这些程序权利大多与一些具体的实体权利相关。例如,《行政处罚法》就

---

① 关保英,行政相对人基本程序权研究,现代法学,2018 年第 1 期。
② 关保英,论具体行政行为程序合法的内涵与价值,政治与法律,2015 年第 6 期。

确定了行政相对人行政听证权、行政相对人的论辩权、行政相对人选择救济方式权等。具体行政行为程序合法是行政主体的法律运作程序与行政相对人的程序权利相互交织的代词,只将注意力放在程序运作方面是有所偏颇的。因此,良好高效地为行政维权创造条件,是"三改一拆"程序合法性的重要体现。

附　录

浙江省"三改一拆"工作中行政管理相对人的舆情调查

　　近年来,浙江省委省政府深入开展旧住宅区、旧厂区、城中村改造和拆除违法建筑的"三改一拆"工作,取得显著成效。"三改一拆"工作涉及面广,社会公众普遍关注。近期,我们专门成立课题组对"三改一拆"工作中的行政管理相对人开展了舆情调查。课题组在详细考察分析859个司法审判案例、11个市的25个"三改一拆"行政规范性文件的基础上,选取了杭州市上城区、宁波市海曙区、温州市鹿城区、湖州市南浔区、嘉兴市南湖区、绍兴市柯桥区、金华市婺城区、衢州市柯城区和台州市黄岩区等9个典型区域作为调研对象,发放问卷400份,回收有效问卷352份。形成了以下的综合报告。

一、"三改一拆"工作的总体舆情态势

1. "三改一拆"工作舆情现状总体较好

　　调查显示,90.89％的行政管理相对人对于"三改一拆"工作公正性的总体认知是正面的。深度访谈也印证了"三改一拆"工作中,行政管理相对人对"三改一拆"工作的实施透明度较为满意。行政相对人普遍反映,"欢迎与支持'三改一拆'政策""'三改一拆'政策让他们获得了切实的好处""'三改一拆'政策是按照程序严格走下来的"。省委、省政府的"三改一拆"重大决策部署有扎实的民意基础,深得民心。

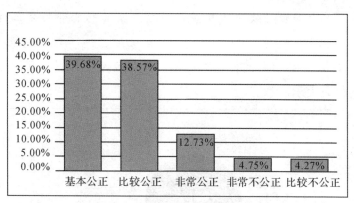

图1 行政管理相对人对"三改一拆"工作公正性的总体认知

2."三改一拆"矛盾解决途径较为多样,效果良好。

课题组选取了最常用的四条途径,即"上级政府协调"、"本级政府协调"、"亲友协调"与"信访"途径作为调研的 4 项兼容性指标,测试行政相对人对"三改一拆"矛盾解决途径的信任度。结果表明,通过"信访"途径解决矛盾的信任度为 88.25％,通过"本级政府协调"途径解决矛盾的信任度为 87.35％,通过"上级政府协调"途径解决矛盾的信任度为 82.51％,通过"亲友协调"途径解决矛盾的信任度为 75.40％。四者均处于较高的水平(见图2)。由此可见,行政管理相对人对于信访和政府协调等公力救济措施比较认同。

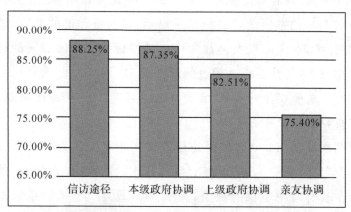

图2 行政管理相对人对"三改一拆"矛盾解决途径的信任度

3.绝大多数行政管理相对人对政府及其职能部门公正行使权力的满意度较高

调查显示,71%的行政管理相对人对政府及其职能部门公正行使权力表示满意。

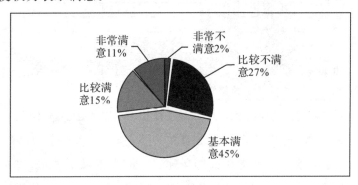

图3 行政管理相对人对政府及其职能部门公正行使权力的满意度

二、值得关注和重视的问题

1.行政管理相对人最关注"补偿标准"

调查发现,"三改一拆"工作中,行政管理相对人最关注的是"补偿标准"(91.43%),高于"安置方式"(87.30%)、"补偿方式"(79.39%)、"政府信息公开"(77.78%)等其他选项(见图4)。课题组对859项案例统计分析结果显示,政府被起诉的涉"三改一拆"案件中,争议焦点大多数集中在补偿标准上,80.43%的行政管理相对人认为"补偿金额过低"(见图5)。

2.行政管理相对人对"官商利益共同体"和"政府滥用职权"的不良印象根深蒂固

调查显示,80.36%的受访行政管理相对人认为"三改一拆"工作中存在"官商一体"形成利益共同体的现象,有77.54%的认为存在政府滥用职权的现象(见图5)。裁判文书统计结果也印证了,政府及其部门败诉的主要原因是补偿金不符合法定标准、

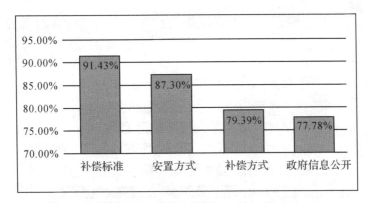

图4　行政管理相对人关心"三改一拆"工作中的问题

"官商一体"形成利益共同体和政府滥用职权为表象的违法拆迁。形成不良"印象"的原因较为复杂,根本原因是政府及其职能部门未能依法行政,违反法定程序。长期以来,政府拆迁地块多数用于房地产、商业用地开发,使得群众形成了"官商利益共同体"的"固有印象",加深了行政管理相对人对"三改一拆"工作的误解。

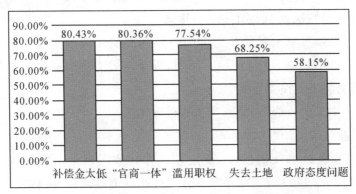

图5　行政管理相对人对"三改一拆"工作不满意事项比例

3.政府及其部门在行政诉讼中败诉率高

课题组收集到的859个诉讼案例均为政府及其部门作为被告的行政诉讼案例,各级政府的败诉率为59.20%。其中较为典型的是杭州市"三改一拆"的96个案件,政府作为被告在一审案件中败诉率高达64.14%。从11个地级市的总体样本情况来看,政府职能部门作为被告的败诉率更高,排在前三位的分别是土地规划部门(86.67%)、国土资源部门(79.25%)、政府各级管委会(75.00%)(见图6)。

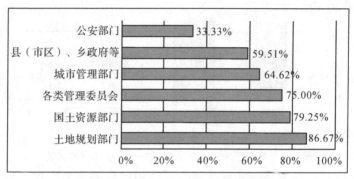

图6 政府职能部门作为被告的败诉率

败诉率高的主要原因是"三改一拆"过程中政府及其部门的具体行政行为违法,其中67.60%属于实体性违法,32.40%属于程序性违法,引起了行政管理相对人的不满,需要予以重视。调查显示,二审案件主要由11个地级市政府及其部门在一审中败诉后不服判决而提起上诉,二审案件中的败诉率平均仅为26.50%,意味着绝大多数被上诉的一审判决案件被改判政府胜诉,说明一审裁判质量存在较大问题,需要加大力度提高司法质量,确保司法不受民意干扰。

4."三改一拆"工作制度依据供给不足

浙江省关于"三改一拆"的省级规范性文件均属于原则性规定,需要各地对补偿标准、补偿方式等具体问题做出细化规定。而11个地级市仅有25部"三改一拆"的规范性文件,除杭州市和温州市外,其他地级市均存在制度供给不足的问题,金华市、舟山市、衢州市、丽水市、台州市尤其需要全面梳理规范性文件。

三、积极引导"三改一拆"工作舆情的对策建议

1.建议各地市进一步完善"三改一拆"的制度依据

加强制度建设,确保"三改一拆"的补偿工作有明确的规范的

制度依据,保障行政管理相对人的合法权利和利益。

2.建议将"三改一拆"工作作为专项一级指标纳入法治政府考核指标体系

建议由省政府法制办牵头,将"三改一拆"工作作为专项一级指标纳入法治政府考核指标体系,其二级指标可以包括:行政管理相对人的满意度、信息公开情况、制度建设情况、被提起行政诉讼的次数、败诉率等。尤其应将老百姓的"满意度"作为重要二级指标,增加考核分值权重。

3.建议对"三改一拆"工作进行专项监督

建议对"三改一拆"工作进行常规性专项监督,即:在人大监督层面,将"三改一拆"直接纳入各级人大常委会年度监督工作计划之中,无需再经过议题征集和讨论程序;在司法监督层面,淡化"三改一拆"工作的政治色彩,法院对于政府及其部门作为被告的案件,应当严格依法裁判,避免过度的庭外调解,切实发挥司法的监督与矫正功能,维护行政管理人的合法权益,进而从根本上长远维护党和政府的声誉与公共权威。

4.建议进一步加强对"三改一拆"工作的宣传

各级政府运用报纸、广播、电视、网络等各种媒体,不断加大"三改一拆"工作目的与意义的宣传力度;挖掘和选树"三改一拆"政策先进人物、先进地区与先进事迹,充分发挥典型示范作用;针对利益相关群体的诉求与情绪,有针对性地开展教育引导与情绪疏导工作;同时,注重在基层行政管理相对人中进行"三改一拆"政策宣讲,以赢得最广泛的拥护与理解支持。

主要参考文献

1. 约翰·洛克,政府论两篇,陕西人民出版社 2004 年版。

2. 苏力,制度是如何形成的,北京大学出版社 2007 年版。

3. 应松年,法治政府,社会科学文献出版社 2016 年版。

4. 应松年、袁曙宏,走向法治政府:依法行政理论研究与实证调查,法律出版社 2001 年版。

5. 江必新,法治政府的制度逻辑与理性构建,中国法制出版社 2014 年版。

6. 王敬波,法治政府要论,中国政法大学出版社 2013 年版。

7. 罗豪才,现代行政法的平衡理论,北京大学出版社 1997 年版。

8. 孙笑侠,法律对行政的控制:现代行政法的法理解释,山东人民出版社 1999 年版。

9. 叶必丰,行政法的人文精神,北京大学出版社 2005 年版。

10. 于立深,契约方法论:以公法哲学为背景的思考,北京大学出版社 2007 年版。

11. 俞可平,治理与善治,社会科学文献出版社 2000 年版。

12. 陈家刚,协商与协商民主,中央文献出版社 2015 年。

13. 奥斯特罗姆,公共事物的治理之道,上海三联书店 2000 版。

14. 奥尔森,集体行动的逻辑,上海人民出版社 2014 年版。

15. 刘春荣,集体行动的中国逻辑,上海人民出版社 2012 年版。

16. 贺雪峰,地权的逻辑,东方出版社 2013 年版。

17. 周其仁,城乡中国,中信出版社 2013 年版。

18. 陆相欣,农村社会学,郑州大学出版社 2006 年版。

19. 詹姆斯·C.斯科特,弱者的武器,译林出版社 2007 年版。

20. 彼得斯,政府未来的治理模式,中国人民大学出版社 2001 年版。

21. 石佑启,论公共行政与行政法学范式转换,北京大学出版社年 2003 年版。

22. 何海波,实质法治:寻求行政判决的合法性,法律出版社 2009 年版。

23. 杨建顺,行政规制与权利保障,中国人民大学出版社 2007 年版。

24. 戴维·哈维,叛逆的城市,商务印书馆 2014 年版。

25. 沈德咏,最高人民法院行政诉讼批复答复解析,人民法院出版社 2011 年版。

26. 冯经明,转型时期特大型城市土地利用规划理论与实践,同济大学出版社 2013 年版。

27. 郑文武,当代城市规划法制建设研究:通向城市规划自由王国的必然之路,中山大学出版社 2007 年版。

28. 汪锦军,走向合作治理,浙江大学出版社 2012 年版。

29. 于建嵘,抗争性政治:中国政治社会学基本问题,人民出版社 2010 年版。

30. 李朔、孙建平、刘飞,城市建设中土地征收法律制度研究,东北大学出版社 2012 年版。

31. 钟京涛,征地补偿法律适用与疑难释解,中国法制出版社 2008 年版。

32. 赵彬,土地流转与房屋征收法律实务,法律出版社 2011 年版。

33. 房绍坤、王洪平,公益征收法研究,中国人民大学出版社 2011 年版。

34. 潘嘉玮,城市化进程中土地征收法律问题研究,人民出版社 2009 年版。

35. 邹艳丽,中国城乡规划违法违规研究,中国建筑工业出版社

2014 年版。

36. 丹宁,法律的正当程序,法律出版社 2011 年版。

37. 赵海云,房屋征收补偿实质公平与市场价值,中国社会科学出版社 2015 年版。

38. 芒泽,财产的法律和政治理论新作集,政法大学出版社 2003 年版。

39. 凌学东,集体土地上房屋征收补偿价值的法律分析,中国法制出版社 2013 年版。

40. 鄢斌,立法理念与制度逻辑究:国有土地上房屋征收与补偿制度研究,科学出版社 2018 年版。

41. 聂波,城中村土地房屋征收中的利益冲突与协调研究,社会科学文献出版社 2016 年版。

42. 孙事龙,城中村改造法律实务,中国政法大学出版社 2012 年版。

43. 王新、蔡文云,城中村何去何从? 以温州市为例的城中村改造对策研究,中国市场出版社 2010 版。

44. 黄安心,城中村城市化问题研究:以广州为例,华中科技大学出版社 2016 年版。

45. 于凤瑞,城中村改造中财产权法律制度研究,法律出版社 2016 年版。

46. 余光辉,南宁市城中村改造问题研究,广西科学技术出版社 2014 版。

47. 许华,城中村改造模式研究,国家行政学院出版社 2013 年版。

48. 谢蕴秋,规划、博弈、和谐:城中村改造实证研究,中国书籍出版社 2011 年版。

49. 刘勇,旧住宅区改造的民意回归:以上海为例,中国建筑工业出版社 2012 年版。

50. 聂波,城中村土地房屋征收中的利益冲突与协调研究:以中国特色社会主义利益观为视角,社会科学文献出版社 2016 年版。

51. 鲍海君,政策供给与制度安排:征地管制变迁的田野调查:以浙江为例,经济管理出版社 2008 年版。

52. 沈晖,治理城市违法建筑的法律机制研究,同济大学出版社 2013 年版。

53. 蒋拯,违法建筑处理制度研究,法律出版社 2014 年版。

54. 王洪平,违法建筑的私法问题研究,法律出版社 2014 年版。

55. 王才亮,违法建筑处理与常见错误分析,中国建筑工业出版社 2013 年版。

56. 吴晖暖编:农村征地补偿安置法律政策解答,法律出版社出版 2010 年版。

57. 李莉、张辉编,中国新型城镇化建设进程中棚户区改造理论与实践,中国经济出版社 2014 年版。

58. 周忠轩,历史的丰碑:辽宁棚户区改造的探索与实践,辽宁人民出版社 2012 年版。

59. 韩高峰、毛蒋兴,棚改十年:中国城市棚户区改造规划与实践,广西师范大学出版社 2016 年版。

60. 印建平,棚户区改造案例研究,中国城市出版社 2013 年版。

61. 红旗东方编辑部,法治中国:新常态下的大国法治,红旗出版社 2015 年版。

62. 浙江省普法教育领导小组办公室,三改一拆法律知识解析,浙江人民出版社 2016 年版。

63. 张文显,中国法治新常态,载《法制与社会发展》2015 年第 6 期。

64. 李龙,法治新常态刍议,载《社会科学家》2015 年第 1 期。

65. 张绍明,适应法治新常态加快推进法治政府建设,载《政策》2015 年第 5 期。

66. 陈政,提高法治新常态的思维能力和水平,载《理论与当代》2015 年第 3 期。

67. 白山,以法治新常态引领经济新常态,载《中国高新区》2016 年第 2 期。

68. 江平、陈宾,法治新常态与经济新常态齐头并进,载《人民法治》2015 年第 4 期。

69. 陈旭,领导干部要在法治新常态下承担更大历史责任,载《人民检察》2015 年第 4 期。

70. 栗献忠,法治新常态与领导干部依法决策,载《领导科学》2015 年第 26 期。

71. 谢家银、陈发桂,诉访分离:涉诉信访依法终结的理念基础与行动策略,载《中共天津市委党校学报》2014 年第 6 期。

72. 唐镇,"诉""访"分离机制的正当性建构——基于经验事实和法律规范的双重视角,载《法律适用》2011 年第 9 期。

73. 彭小龙,涉诉信访治理的正当性与法治化——1978—2015 年实践探索的分析,载《法学研究》2016 年第 5 期。

74. 杜睿哲,涉诉信访法治化:实现困境与路径选择,载《西北师大学报(社会科学版)》2017 年第 4 期。

75. 白雅丽,诉讼与信访分离的司法意义,载《人民司法》2011 年第 1 期。

76. 封银庚,官僚制与转型期政府权力运行机制理性化重塑,载《求索》2005 年第 1 期。

77. 王勇,演进与互动:西北少数民族地区政府权力运行机制与公民权利保障,载《甘肃社会科学》2006 年第 5 期。

78. 鄢一龙,六权分工:中国政治体制概括新探,载《清华大学学报(哲学社会科学版)》2017 年第 2 期。

79. 何深思,人大监督刚性的天然缺失与有效植入,载《中国特色社会主义研究》2013 年第 1 期。

80. 张英秀,政府过程视域中的两会机制,载《中共福建省委党校学报》2010 年第 10 期。

81. 刘晓云,法制政府建设视野下依据三定方案制定档案行政权力清单的缘由及趋势——兼与吴雁平商榷载《档案管理》2016 年第 4 期。

82. 任学婧、费蓬煜,推行行政权力清单和责任清单制度研究——以河北省为例,载《人民论坛》2016 年第 2 期。

83. 杨连专,权力运行异化的法律防范机制研究,载《宁夏社会科学》2017 年第 6 期。

84. 朱光磊,在转变政府职能的过程中提高政府公信力,载《中国人民大学学报》2011 年第 3 期。

85. 栾建平、杨刚基,我国行政责任机制分析与探讨,载《中国行政管理》1997 年第 11 期。

86. 刘志坚、宋晓玲,论政府公务员行政责任实现不良及其防控,载《法学》2013 年第 4 期。

87. 刘党,行政责任追究制度与法治政府建设,载《山东大学学报(哲学社会科学版)》2017 年第 3 期。

88. 王建学,论地方政府事权的法理基础与宪政结构,载《中国法学》2017 年第 4 期。

89. 黄晓春、周黎安,政府治理机制转型与社会组织发展,载《中国社会科学》2017 年 11 期。

90. 张敏,社会权实现的困境及出路——以正义为视角,载《河北法学》2014 年第 1 期。

91. 汤闳淼,依宪治国语境下社会权立法化进路分析,载《社会科学家》2016 年第 4 期。

92. 潘荣伟,论公民社会权,载《法学》2003 年第 4 期。

93. 龚向和,社会权与自由权区别主流理论之批判,载《法律科学(西北政法学院学报)》2005 年第 5 期。

94. 王莉,行政复议的比较优势及其发挥,载《社会科学战线》2016年第 3 期。

95. 臧秀玲,从消极福利到积极福利:西方国家对福利制度改革的新探索,载《社会科学》2004 年第 8 期。

96. 燕继荣,服务型政府的研究路向——近十年来国内服务型政府研究综述,载《学海》2009 年第 1 期。

97. 夏德峰,社会权利的整合功能及其局限性,载《社会主义研究》2012 年第 1 期。

98. 王新生,论社会权领域的非国家行为体之义务,载《政治与法律》2013 年第 5 期。

99. 李文祥、吴德帅,社会权与社会阶层作用机制再探,载《哲学论丛》2014 年第 2 期。

100. 袁立,传承与嬗变:社会权可诉性的多重面相,载《中南民族大学学报(人文社会科学版)》2011 年第 2 期。

101. 杨雪冬,走向社会权利导向的社会管理体制,载《华中师范大学学报(人文社会科学版)》2010 年第 1 期。

102. 张卫平,民事公益诉讼原则的制度化及实施研究,载《清华法学》2013 年第 4 期。

103. 邹庆国,党内法治:管党治党的形态演进与重构,载《山东社会科学》2016 年第 6 期。

104. 肖金明,论通过党内法治推进党内治理——兼论党内法治与国家治理现代化的逻辑关联,载《山东大学学报(哲学社会科学版)》2014 年第 5 期。

105. 秦前红,论立法在人权保障中的地位——基于"法律保留"的视角,载《法学评论》2006 年第 2 期。

106. 秦前红、苏绍龙,党内法规与国家法律衔接和协调的基准与路径——兼论备案审查衔接联动机制,载《法律科学(西北政法大学学报)》2016 年第 5 期。

107. 王振民,党内法规制度体系建设的基本理论问题,载《中国高校社会科学》2013 年第 5 期。

108. 肖金明、冯晓畅,新时代以来党内法规研究回顾与展望——以 2012—2018 年 CNKI 核心期刊文献为分析对象,载《人民法治》2018 年 12 月号。

109. 李江发、鞠成伟,论党委决策法制化,载《学术交流》2015 年第 6 期。

110. 鞠成伟,加强和改进党对法治工作的领导,载《中国党政干部论坛》2014 年第 12 期。

111. 贺海仁,法律下的中国:一个构建法治中国的法理议题,载《北方法学》2015 年第 4 期。

112. 肖金明,法治中国建设视域下依法执政的基本内涵与实现途径新探,载《山东大学学报(哲学社会科学版)》2015 年第 3 期。

113. 董振华,中国道路:扎根本土的民主政治最可靠,载《红旗文稿》2016 年第 15 期。

114. 陈炳辉,国家治理复杂性视野下的协商民主,载《中国社会科学》2016 年第 5 期。

115. 赵秀玲,协商民主与中国农村治理现代化,载《清华大学学报(哲学社会科学版)》2016 年第 1 期。

116. 陈家刚,当代中国的协商民主:比较的视野,载《新疆师范大学(哲学社会科学版)》2014 年第 1 期。

117. 何包钢,协商民主和协商治理:建构一个理性且成熟的公民社会,载《开放时代》2012 年第 4 期。

118. 齐卫平、陈朋,协商民主:社会主义政治文明建设的生长点,载《贵州社会科学》2008 年第 5 期。

119. 包心鉴,协商民主制度化与国家治理现代化,载《学习与实践》2014 年第 3 期。

120. 姚远、任羽中,"激活"与"吸纳"的互动——走向协商民主的中国社会治理模式,载《北京大学学报(哲学社会科学版)》2013年第2期。

121. 陶文昭,协商民主的中国视角,载《学术界》2006年第5期。。

122. 李强彬,论协商民主与公共政策议程建构,载《求实》2008年第1期。

123. 周伟,论行政权是行政行为成立的唯一一般要件,载《政治与法律》2016年第7期。

124. 石佑启,论公共行政变革与行政行为理论的完善,载《中国法学》2005年第2期。

125. 姜安明,扩大受案范围是行政诉讼法修改的重头戏,载《广东社会科学》2013年第1期。

126. 杨登峰,程序违法行政行为的补正,载《法学研究》2009年第6期。

127. 闫尔宝,行政诉讼受案范围的发展与问题,载《国家检察官学院学报》2015年第4期。

128. 章剑生,论行政行为的告知,载《法学》2001年第9期。

129. 李春燕,行政信赖保护原则研究,载《行政法学研究》2001年第3期。

130. 关保英,论具体行政行为程序合法的内涵与价值,载《政治与法律》2015年第6期。

131. 何海波,论行政行为"明显不当",载《法学研究》2016年第3期。

132. 何海波,行政行为对民事审判的拘束力,载《中国法学》2008年第2期。

133. 叶必丰,具体行政行为框架下的政府信息公开——基于已有争议的观察,载《中国法学》2009年第5期。

134. 江必新,行政行为效力判断之基准与规则,载《法学研究》

2009 年第 5 期。

135. 王凡，浅议地方人大的个案监督，载《现代法学》1998 年第 1 期。

136. 席文启，关于人大个案监督的几个问题，载《新视野》2016 年第 2 期。

137. 王学标，试析人大监督中的政治文化冲突问题，载《政治与法律》2000 年第 2 期。

138. 钟学志，关于地方国家权力机关开展个案监督的探讨，载《黑龙江省政法管理干部学院学报》1999 年第 2 期。

139. 董茂云，人大监督法院的新思路，载《法学杂志》2015 年第 5 期。

140. 夏滨、胡忠华，论我国人大监督制度的问题与完善，载《山东社会科学》2009 年第 1 期。

141. 郭正林、王小宁，关于地方人大设立监督委员会的探讨，载《清华大学学报（哲学社会科学版）》2000 年第 1 期。

142. 陈克炜，人民政协民主监督理论与实践浅议，载《贵州社会主义学院学报》2011 年第 4 期。

143. 王学俭、杨昌华，中国特色社会主义协商民主法治化研究，载《社会主义研究》2015 年第 2 期。

144. 牟丽平，协商民主与国家治理：中国治理现代化的战略选择，载《云南行政学院学报》2014 年第 6 期。

145. 马一德，宪法框架下的协商民主及其法治化路径，载《中国社会科学》2016 年第 9 期。

146. 王建华、王云骏，我国多党合作的民主监督问题研究——基于比较政党制度的视角，载《学术界》2013 年第 1 期。

147. 应松年，把权力关进制度的笼子，载《中国行政管理》2014 年第 6 期。

148. 朱晓明，地方政府依法行政的动力机制研究，载《行政论坛》

2013 年第 2 期。

149.周佑勇,依法行政的观念、制度与实践创新,载《法学杂志》2013 年第 7 期。

150.孙洪敏,将依法行政纳入政府绩效管理,载《南京社会科学》2015 年第 1 期。

151.彭涛,旧城改造中的利益博弈与政府法治——以渭南市临渭区旧城改造为例,载《人文杂志》2014 年第 6 期。

152.蓝宇蕴,城中村:村落终结的最后一环,载《中国社会科学院研究生院学报》2001 年第 6 期。

153.蓝宇蕴,都市村社共同体——有关农民城市化组织方式与生活方式的个案研究,载《中国社会科学》2005 年第 2 期。

154.黄忠,城市化与入城集体土地的归属,载《法学研究》2014 年第 4 期。

155.付鼎生,入城集体土地之归属——城中村进程中不可回避的宪法问题,载《政治与法律》2010 年第 12 期。

156.刘锐,城中村改造:全面改造抑或综合治理,载《广东财经大学学报》2015 年第 6 期。

157.房绍坤,国有土地上房屋征收的法律问题与对策,载《中国法学》2012 年第 1 期。

158.顾大松,论我国房屋征收土地发展权益补偿制度的构建,载《法学评论》2012 年第 6 期。

159.金伟峰,论房屋征收中国有土地使用权的补偿,载《浙江大学学报(人文社会科学版)》2013 年第 2 期。

160.魏建,城市房屋产权的保护:责任规则、财产规则与管制性征收,载《法学杂志》2012 年第 3 期。

161.张冰冰,国有土地上房屋征收与补偿法律制度探讨,载《经济问题探索》2011 年第 5 期。

162.谭启平,论房屋征收补偿争议的司法救济,载《当代法学》

2013 年第 5 期。

163. 王克稳,我国集体土地征收制度的构建,载《法学研究》2016年第 1 期。

164. 叶必丰,城镇化土地征收补偿的平等原则,载《中国法学》2014 年第 3 期。

165. 陈小君,农村集体土地征收的法理反思与制度重构,载《中国法学》2012 年第 1 期。

166. 渠滢,我国集体土地征收补偿标准之重构,载《行政法学研究》2013 年第 1 期。

167. 欧阳君君,集体土地征收中的公共利益及其界定,载《苏州大学学报(哲学社会科学版)》2013 年第 1 期。

168. 房绍坤、王洪平,集体土地征收改革的若干重要制度略探,载《苏州大学学报(哲学社会科学版)》2013 年第 1 期。

169. 徐凤真,集体土地征收中公共利益被泛化的根源与化解路径探析,载《齐鲁学刊》2010 年第 4 期。

170. 陈耀东、李俊,集体建设用地流转与土地征收客体范围重叠的困境与出路,载《长白学刊》2016 年第 1 期。

171. 吴春燕,我国土地征收中公共利益的厘定与处置,载《现代法学》2008 年第 6 期。

172. 刘武元,违法建筑在私法上的地位,载《现代法学》2001 年第 4 期。

173. 丁晓华,强制拆除违法建筑行为定性与规范——基于对《行政强制法》第 44 条的解读,载《法学》2012 年第 10 期。

174. 邹晓美,拆除违法建筑执法问题研究,载《中国流通经济》2011 年第 8 期。

175. 王岩,强制拆除违法建筑案件若干问题探析,载《法律适用》2011 年第 9 期。

176. 孟俊红,试论城中村改造中拆迁补偿利益主体的缺位与错位,载《中国土地科学》2013 年第 2 期。

177. 罗忠兴,连城:程序正义破解强拆难题,载《中国土地》2015 年第 10 期。

178. 章文英、杨晓慧,行政强拆案件的司法角色定位,载《法律适用》2014 年第 10 期。

179. 窦家应,房屋征收中关联行为的司法审查,载《法律适用》2011 年第 8 期。

180. 张英周,违章建筑的物权效力——以违章建筑的物权效力对租赁合同影响为视角,载《法律适用》2011 年第 2 期。

181. 杨临萍、杨科雄,关于房屋征收与补偿条例非诉执行的若干思考,载《法律适用》2012 年第 1 期。

182. 顾大松,论房屋征收适足住房权保障原则,载《行政法研究》2011 年第 1 期。

183. 王锡锌,房屋征收中强制搬迁的制度与实践问题,载《苏州大学学报(哲学社会科学版)》2011 年第 1 期。

184. 王太高,论集体土地上房屋征收补偿立法模式——基于宪法规范的展开,载《苏州大学学报(哲学社会科学版)》2013 年第 1 期。

185. 马婧媛,刍议禁止城镇违法建设的强制执行——以《行政强制法》颁布为契机,载《法律适用》2013 年第 1 期。

186. 朱巍,村委会强制拆除违章建筑的法律问题,载《人民司法》2008 年第 2 期。

187. 刘东亮,拆迁乱象的根源分析与制度重整,载《中国法学》2012 年第 4 期。

188. 冯玉军,权力、权利和利益的博弈——我国当前城市房屋拆迁问题的法律与经济分析,载《中国法学》2007 年第 4 期。

189. 刘云兵、白庆华、汪波,完善城市房屋拆迁立法的建议,载《河北法学》2004 年第 8 期。

190. 赵红梅,拆迁变法的个体利益、集体利益与公共利益解读——限于旧城区改建的分析,载《法学》2011年第8期。

191. 陈树森,通向和谐的博弈:论拆迁纠纷中公益与私益的司法衡平,载《法律适用》2008年第6期。

192. 蒋中东、马国贤,征地拆迁行政诉讼工作的现状问题和对策建议,载《法律适用》2012年第6期。

193. 钱海玲、李杰,论城市房屋拆迁和谐秩序的实现,载《法律适用》2008年第3期。

194. 杨建顺,论房屋拆迁中政府的职能——以公共利益与个体利益的衡量和保障为中心,载《法律适用》2005年第5期。

195. 王达,拆迁纠纷中的职权法定和正当程序,载《人民司法》2008年第2期。

196. 关升英,城市房屋拆迁的法律适用问题,载《人民司法》2005年第8期。

197. 王达,城市房屋拆迁许可若干法律问题分析,载《人民司法》2006年第3期。

198. 易元芝,温州市"三改一拆"改造若干问题思考,载《浙江工贸职业技术学院学报》2016年第2期。

199. 陈建平,如何做好"三改一拆"中的旧村改造工作,《浙江国土资源》2013年第10期。

200. 倪建伟、张伟,新型城镇化进程中城乡土地系统性整理的现实问题与政策优化——基于浙江"三改一拆"的539份问卷调查,载《现代经济探讨》2014年第12期。

201. 夏宝龙,把"三改一拆"工作作为深化法治浙江建设的大平台,载《今日浙江》2014年第20期。

202. 孔朝阳,相信群众、发动群众、依靠群众——浙江推进"三改一拆"行动坚持走群众路线,载《浙江国土资源》2013年第12期。

203. 陆志孟,关于深入推进拆违工作的若干对策建议——基于对当前我市"三改一拆"行动的调研与思考,载《宁波通讯》2013年第13期。

204. 叶慧、丁杰,法治思维和法治方式下的"三改一拆",载《今日浙江》2014年第24期。

205. 哲平,"三改一拆"妨碍宗教信仰自由吗?,载《今日浙江》2014年第12期。

206. 丁狄刚、史枚翎,如何根据"法治"精神推进"三改一拆",载《政策瞭望》2014年第11期。

207. 夏群佩、洪海波,公正与效率之间——论能动司法在"三改一拆"中的限度,载《中贵州省委党校学报》2014年第4期。

208. 王祖强,依法建立"五水共治"、"三改一拆"的长效机制,载《中共浙江省委党校学报》2014年第6期。

209. 王立军、裘新谷、陈旭峰,"三改一拆"经济社会效益实证分析与机制建设研究,载《中共浙江省委党校学报》2015年第6期。

后　记

　　"三改一拆"工作,是浙江省政府的一项重点工作。在法治新常态下,如何将"三改一拆"工作纳入法治的范畴中来,对行政行为提供保障、进行监督,是法治浙江建设的重要体现,也是笔者所想要研究的重点。"墙体拆改"、"棚户区改造"等问题由来已久,2013 年国务院发布了《关于加快棚户区改造工作的意见》(国发〔2013〕25 号),促使全国范围内开展了棚户区改造工作。在此背景下,浙江省委、省政府立足全面落实中央指示、全面深化改革、加快转型升级,结合法治浙江建设的实际,做出了"三改一拆"重大战略决策部署。作为一项全省范围内的政府行动,必然涉及众多的行政决策以及行政强制措施,通过查阅相关文献,有关"三改一拆"工作的内容集中于工作刊物和内部刊物上,属于工作交流或新闻报道类文献。但涉及一省范围内的普遍的政府行政行为,在缺乏深入的理论指导的情况下,能否合理合法地开展呢? 在"三改一拆"工作过程中如何坚持党的领导、人大监督、政治协商、司法监督与审判? 这些都有待我们进一步研究。

　　本书从实证研究做起,以浙江省范围内关于"三改一拆"案例的判决为切入点,立足于中国特色社会主义政治制度以及法律制度,剖析浙江省范围内"三改一拆"行动,做出具体行政行为与行政决策的政府行为依据。相比较于之前的"墙体拆改"与"棚户区改造"问题,浙江省"三改一拆"行动,更加强调依法行政,立足于法治浙江建设,将党的领导、人大监督、政治协商、司法监督纳入到这一行动中来,是法治新常态的重要表现,是法治浙江建设的理论创新成果。但是,不容忽视的是政府行政行为仍然存在问题,行政行为主要存在的实体性和程序性问题,如果不加以重视,容易导致群众舆情问题。对这些问题进行分析提出针对性的建议,其研究成果既为党委、人大、政协进行执政、参政、议政提供决策参考,也为政府及其工作部门开展工作提供操作指南,更为司法裁判机构解决相关问题提供理论支持。

笔者关注浙江省"三改一拆"工作已有多年,本书从正式写作也已经历时了两年左右的时间,几经其稿,期望能在现有学术成果之上取得突破,可以在理论上,对政府权力和社会权利运行机制做进一步研究,在实务中,为政府"三改一拆"行动提供指导。在写作过程中,也常因不甚严密的思考与苍白乏力的表述而感到惶恐,唯恐之前一切研究沦为泛泛之谈。今日,本书的主要内容也已经完成,对于本书的内容,我还是很满意的,可以说,在理论上本书取得了一定的突破性成果,但也有一些遗憾之处,有些问题还没有解决。但人生在世,难求十全十美,法治的发展也同样是一个循序渐进的过程,本书中未解决的问题,自有后人来指正并继续加以研究,如果本书能作为基石,供后人继续深入研究,那即是最好不过的了。

本书分工如下:

第一章《绪论》,主要介绍了本课题提出的背景、研究意义和价值,并介绍了国内外研究现状,简要论述了本书的基本内容,拟突破的重点、难点和创新之处以及本书的研究方法和研究思路,由李占荣、周文章、陈志博完成。

第二章《法治新常态下政府权力运行机制及完善路径》,论述了中央政府与地方政府、政府与政府工作部门之间的关系,并且进一步通过财权、事权及人事权对政府内部关系的影响进行了分析,并对推进依法行政提出针对性的建议。由李占荣、谷永健完成。

第三章《法治新常态下的社会权利运行机制》,论述了我国对公民社会权利的立法、执法、司法方面的保障,基于社会权利的性质,强调政府、非国家行为体的法律职责,并对通过司法制度保障公民社会权利的可行性进行了分析。由李占荣、谷永健完成。

第四章《法治新常态下"三改一拆"工作中的党委、人大与政协》,强调了在法治新常态下,"三改一拆"工作中,党的领导、人大监督、政治协商的合法性、必要性与合理性,进一步具体分析了其实现方式。由李占荣、陈志博完成。

第五章《"三改一拆"工作中法治政府的价值和意义》,强调了法规立法合理的必要性,强调政府执法过程中要加强监督,并提出监督方法。由李占荣、周文章、陈志博完成。

第六章《法治新常态下法治政府建设》,主要提出了四个方面,包括行政问责、行政监察、政府信息公开以及规范行政裁量权,在此基础上,提出了建立"诉访分离"制度,保障公民的合法权利。由李占荣、陈志博完成。

第七章与第八章为"'三改一拆'工作中行政行为实体与程序合法性要求",这两部分内容,主要列举了十二种实体违法与七种程序违法的情况。由李占荣、周文章、陈志博完成。

最后,由衷感谢浙江工商大学出版社给予我将本书出版的机会,也感谢编辑田程雨,为此书出版进行的辛苦校对,其认真细致的工作态度,进一步完善了本书的细节之处,极大地缩短了出版时间。